普通高等学校"十三五"规划教材

Access 数据库实验指导

主　编　张丕振

副主编　顾　健　孟庆新

中国铁道出版社有限公司
CHINA RAILWAY PUBLISHING HOUSE CO., LTD.

内 容 简 介

本书是与主教材《Access 数据库教程》（张丕振主编，中国铁道出版社出版）配套的实验指导书，全书由三部分组成。第一部分是针对与之配套的主教材内容设计的 21 个实验，实验内容基本上是围绕学生参赛管理系统开发的全过程而设计展开的；第二部分是课程设计指导；第三部分是 4 套全国计算机等级考试二级 Access 数据库程序设计模拟试卷及解析。

本书内容精心设计、简洁实用、实践性强，适合普通高等学校师生学习 Access 数据库时使用，也可作为备考全国计算机等级考试（Access）的参考书。

图书在版编目（CIP）数据

Access 数据库实验指导 / 张丕振主编. -- 北京 ：
中国铁道出版社，2016.1（2023.1 重印）
普通高等学校"十三五"规划教材
ISBN 978-7-113-21376-3

Ⅰ. ①A… Ⅱ. ①张… Ⅲ. ①关系数据库系统－高等
学校－教学参考资料 Ⅳ. ①TP311.138

中国版本图书馆 CIP 数据核字(2016)第 005855 号

书　　名：Access 数据库实验指导
作　　者：张丕振

策划编辑：李志国　　　　　　　　　　编辑部电话：(010) 83527746
责任编辑：许　璐
编辑助理：曾露平
封面制作：付　巍
封面设计：白　雪
责任校对：王　杰
责任印制：樊启鹏

出版发行：中国铁道出版社有限公司（100054，北京市西城区右安门西街 8 号）
网　　址：http://www.tdpress.com/51eds/
印　　刷：北京九州迅驰传媒文化有限公司
版　　次：2016 年 1 月第 1 版　　　　2023 年 1 月第 4 次印刷
开　　本：787mm×1092mm　1/16　印张：9　字数：213 千
书　　号：ISBN 978-7-113-21376-3
定　　价：26.00 元

前　　言

本书是与主教材《Access 数据库教程》（张丕振主编，中国铁道出版社出版）配套的实验指导书，内容简洁实用，实践性强。全书由三部分组成。第一部分是针对与之配套的教材内容设计的 21 个实验，实验内容基本上围绕学生参赛管理系统开发的全过程而设计展开。书中的实验和习题内容，覆盖了主教材各章节的知识点，实验指导中给出了上机的操作步骤并配有图例说明，通过实验可以使学生掌握开发"数据库应用系统"的方法和过程。第二部分是课程设计指导，详细讲述了课程设计的性质、要求及注意事项，并对 15 个课程设计的选题进行了数据库设计分析，为学生课程设计环节提供了理论的支撑和实践上的参考。第三部分是 4 套全国计算机等级考试模拟试卷的详细解析，帮助同学了解全国计算机等级考试二级 Access 数据库的内容与考试方式。

本书由张丕振担任主编，顾健、孟庆新担任副主编。张丕振负责编写提纲、实验 18～实验 21、第三部分及统稿，顾健编写第二部分，孟庆新编写实验 1～实验 17。

由于编者水平有限，书中难免有疏误和不足之处，真诚希望广大读者批评指正。

编　者

2015 年 10 月

目　录

第一部分
上 机 实 验

实验 1　Access 数据库入门

【实验目的】

1. 了解 Access 数据库窗口的基本组成。
2. 熟悉 Access 的工作环境。
3. 学会使用 Access 帮助系统的方法。

【实验内容】

【任务 1】启动 Access 2010，利用系统自带的模板创建"教职工"数据库。

操作步骤：

（1）双击桌面上的 Access 快捷方式图标 ，或者选择"开始"→"所有程序"→"Microsoft Office"→"Microsoft Access 2010"命令，打开 Access 2010 窗口。

（2）窗口默认显示的是"文件"菜单中的"新建"选项，单击"样本模板"打开可用的样本模板。双击"教职员"示例数据库，则在默认位置建立"教职员.accdb"数据库，如图 1-1 所示。

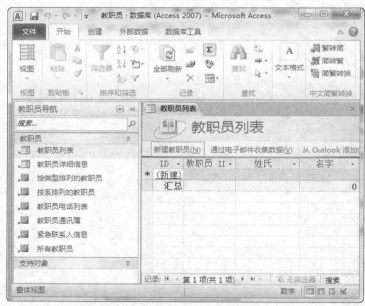

图 1-1　教职员数据库

【任务 2】查看"教职员.accdb"中的各种数据库对象。

操作步骤：

单击图 1-1"教职员导航"窗格中的 按钮，并选择图 1-2 中的"对象类型"选项，可以查看示例数据库中的各个数据库对象，包括表、查询、窗体、报表等。

【任务 3】练习使用 Access 帮助功能，使用目录与搜索结合的方式学习 Access 2010。

操作步骤：

（1）在 Access 启动窗口中按【F1】键，打开"Access 帮助"任务窗格。

（2）单击任务窗格工具栏中的"目录"按钮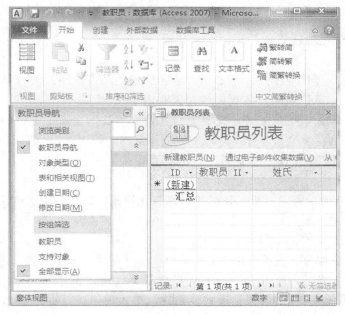，以目录结构显示帮助信息，如图 1-3 所示。在搜索栏中输入想要查找的关键字即可显示在标题或内容中含有该关键字的文章。

图 1-2　Access 对象类型

图 1-3　Access 帮助

实验 2　数据库的设计

【实验目的】

1. 掌握关系数据库设计的一般方法和步骤。

2．掌握数据库表结构的设计原则和方法。

3．掌握数据库中表间关系的确定原则。

【实验内容】

【任务 1】对学生参赛管理系统做需求分析。

操作提示：

（1）调查学生参赛管理模式，了解学生参赛管理的基本方法，及应具有的基本功能。

（2）明确学生参赛管理的具体数据和输入输出信息。

（3）确定信息输入、信息处理、信息安全性及完整性约束所能达到的标准。

（4）明确计算机在学生参赛管理过程中的工作范围和作用，以及操作人员的工作过程。

【任务 2】设计"学生参赛管理系统"的关系模式。

操作提示：

由【任务 1】所做的需求分析，根据数据规范化原则，确定每个实体及实体间联系的属性。其具体关系模式如下：

学生信息（学号，姓名，院系，照片）；

比赛类别（比赛编号，比赛名称，主办单位，承办单位，比赛时间，是否 A 类，备注）；

参赛情况登记（流水号，学号，比赛编号，获奖级别，积分）。

【任务 3】将【任务 2】中的关系模式转化成二维表的描述，如表 1–1、表 1–2 和表 1–3 所示。

表 1-1 学 生 表

学　号	姓　名	院　系	照片
2011310229	曹立超	自动化学院	
2013201321	周磊	电力学院	
2013103215	赵存	能源与动力学院	
2014625132	杨勇军	管理学院	
2012625101	任明娇	管理学院	
2014414106	史冬梅	信息学院	
2014103237	郭启立	能源与动力学院	

表 1-2 比赛类别表

比赛编号	比赛名称	主办单位	承办单位	比赛时间	是否 A 类	备　注
s2013001	辽宁省普通高等学校本科大学生机器人竞赛	教育厅、财政厅	东北大学	2013.10.26	是	
s2013002	"外研社杯"全国英语写作大赛辽宁省赛	外语教学与研究出版社、教育部高等学校大学外语教学指导委员会	沈阳大学	2013.10.27	否	
g2014001	2014 年全国大学生数学建模竞赛	教育部高等教育司、中国工业与应用数学学会	无	2014.09.13	是	

比赛编号	比赛名称	主办单位	承办单位	比赛时间	是否 A 类	备 注
s2014001	辽宁省首届高校学生售楼技能竞赛	辽宁省房地产协会、辽宁建设职业教育集团	辽宁商贸职业学院	2014.11.18	否	
s2015001	辽宁赛区中国大学生计算机设计大赛	教育部高等学校计算机类专业教学指导委员会	沈阳师范大学	2015.05.22	是	
s2015002	十一届全国大学生"新道杯"沙盘模拟经营大赛辽宁省赛	中国高等教育学会高等财经教育分会	大连民族大学	2015.05.23	否	
x2015001	院高等数学竞赛	沈阳工程学院	基础部	2015.06.03	否	

表 1-3　参赛情况表

流水号	学 号	比赛编号	获奖级别	积 分
1	2011310229	s2013001	二等奖	6
2	2013201321	g2014001	一等奖	12
3	2013103215	g2014001	三等奖	8
4	2012625101	s2014001	一等奖	8
5	2014414106	s2015001	一等奖	8
6	2014103237	s2015001	二等奖	6
7	2012625101	s2015001	优胜奖	3
8	2012625101	s2015002	二等奖	6
9	2014414106	x2015001	一等奖	4
10	2014103237	x2015001	二等奖	3

【任务 4】表间关系的分析。

操作提示：

（1）表 1-1 和表 1-3 之间可以通过"学号"字段，建立表间的一对多关联关系。

（2）表 1-2 和表 1-3 之间可以通过"比赛编号"字段，建立表间的一对多关联关系。

实验 3　创建 Access 数据库

【实验目的】

学会自行创建一个空数据库的方法。

【实验内容】

【任务】建立"学生参赛管理.accdb"数据库，并将建好的数据库文件保存在"D:\Access 练习"文件夹中。

操作步骤：

（1）在 Access 启动窗口中，单击"可用模板"窗格中的"空数据库"选项，在右侧窗格的文件名文本框中，给出一个默认的文件名"Database1.accdb"。把它修改为"学生参赛管理.accdb",如图 1-4 所示。

（2）单击 📂 按钮，在弹出的"新建数据库"对话框中，选择数据库的保存位置为"D:\Access 练习"，单击"确定"按钮。

（3）返回到 Access 启动界面，显示将要创建的数据库的名称和保存位置，如果用户未提供文件扩展名，Access 将自动添加。

（4）在右侧窗格下面，单击"创建"命令按钮，如图 1-4 所示。

图 1-4　创建学生参赛管理数据库

（5）系统自动创建一个名称为"表 1"的数据表，并以数据表视图方式打开这个表 1，如图 1-5 所示。

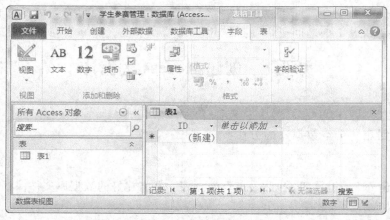

图 1-5　"学生参赛管理"数据库窗口

（6）这时光标将位于"添加新字段"列中的第一个空单元格中，此时可以输入数据，或者从另一个数据源中复制并粘贴数据。

实验 4 创建和使用表

【实验目的】

1. 熟练掌握数据表的建立方法。
2. 掌握表中字段属性的设置的基本方法。

【实验内容】

【任务 1】在"学生参赛管理"数据库中利用设计视图创建"学生"表，学生表结构如表 1-4 所示。

表 1-4 学生表结构

字 段 名 称	数 据 类 型	字 段 大 小	主 键
学号	文本	10	是
姓名	文本	4	否
院系	文本	10	否
照片	OLE 对象	—	—

操作步骤：

（1）打开"学生参赛管理.accdb"数据库，单击"创建"→"表格"→"表设计"按钮，如图 1-6 所示。

（2）在打开的设计视图中，按照表 1-4 的内容，在字段名称列中输入字段名称，在数据类型列中选择相应的数据类型，在常规属性窗格中设置字段大小，如图 1-7 所示。

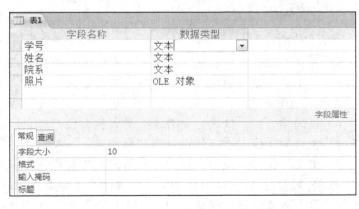

图 1-6 创建表   图 1-7 设计视图

（3）选中"学号"字段行，单击"表格工具"→"设计"→"主键"按钮，将"学号"字段设为主键。

（4）单击"保存"按钮，以"学生"为名称保存表。

【任务 2】在"学生参赛管理"数据库中利用数据表视图创建"参赛情况"表，参赛情况表结构如表 1-5 所示。

表 1-5　参赛情况表结构

字 段 名 称	数 据 类 型	字 段 大 小	主　键
流水号	自动编号	长整型	是
学号	文本	10	否
比赛编号	文本	8	否
获奖级别	文本	5	否
积分	数字	整型	否

操作步骤：

（1）打开"学生参赛管理.accdb"数据库。

（2）单击"创建"→"表格"→"表"按钮，如图 1-6 所示。这时将创建名为"表 1"的新表，并在"数据表视图"中打开它。

（3）选中 ID 字段，单击"表格工具/字段"→"属性"→"名称和标题"按钮，如图 1-8 所示。

（4）在弹出的"输入字段属性"对话框的"名称"文本框中，输入"流水号"，如图 1-9 所示。

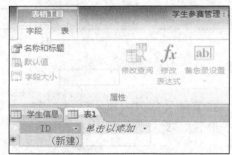

图 1-8　字段属性组

图 1-9　"输入字段属性"对话框

（5）选中"流水号"字段列，在"表格工具/字段"选项卡的"格式"组中，把"数据类型"设置为直接默认的"自动编号"，如图 1-10 所示。

（6）以同样方法，依次定义表 1-5 的其他字段。再利用设计视图将积分的字段大小属性设置为"整型"。

（7）单击"保存"按钮，以"参赛情况"为名称保存表。

【任务 3】通过 Access 提供的导入功能将"比赛类别.xlsx"导入到"学生参赛管理"数据库中，比赛类别表结构如表 1-6 所示。

图 1-10　数据类型设置

表 1-6　比赛类别表结构

字段名称	数据类型	字段大小	主键
比赛编号	文本	8	是
比赛名称	文本	30	否
主办单位	文本	30	否

续表

字段名称	数据类型	字段大小	主键
承办单位	文本	20	否
比赛时间	日期/时间	–	否
是否 A 类	是/否	–	否
备注	备注	–	否

说明："比赛编号"字段描述为 $X_8X_7X_6X_5X_4X_3X_2X_1$。其中含义如下：

X_8：表示比赛级别，取值为 g 表示国家级，取值为 s 表示省级,取值为 x 表示校级。

$X_7X_6X_5X_4$：表示比赛举办的年份。

$X_3X_2X_1$：当年比赛登记的顺序号。

例如，g2014001 表示 2014 年登记的第一场国家级比赛。

操作步骤：

（1）打开"学生参赛管理.accdb"数据库。单击"外部数据"→"导入并链接"→"Excel"按钮，如图 1-11 所示。

（2）在打开的"获取外部数据库"对话框中，单击"浏览"按钮，弹出"打开"对话框，在"查找范围"中定位外部文件所在文件夹，选中要导入的数据源文件"比赛类别.xlsx"，单击"打开"按钮，返回到"获取外部数据"对话框中，单击"确定"按钮，如图 1-12 所示。

图 1-11 外部数据选项卡

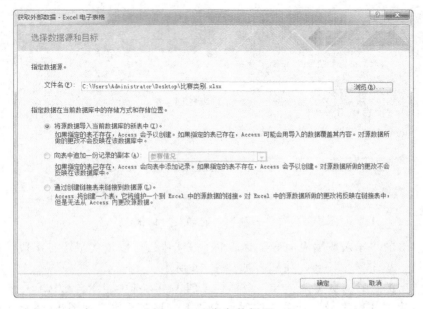

图 1-12 指定数据源

（3）在打开的"导入数据表向导"对话框（一）中，直接单击"下一步"按钮，如图 1-13 所示。

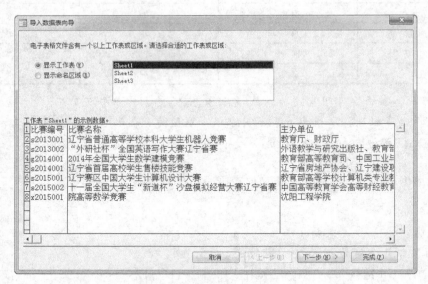

图 1-13 "导入数据表向导"对话框（一）

（4）在打开的"导入数据表向导"对话框（二）中，选中"第一行包含列标题"复选框，然后单击"下一步"按钮，如图 1-14 所示。

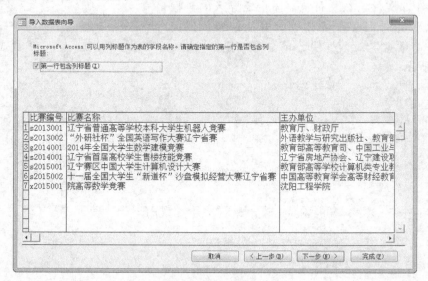

图 1-14 "导入数据表向导"对话框（二）

（5）在弹出的"导入数据表向导"对话框（三）中，可以依次指定各字段的数据类型。这里均为默认，单击"下一步"按钮，如图 1-15 所示。

（6）在弹出的"导入数据表向导"对话框（四）中，选中"我自己选择主键"复选框，Access 自动选定"比赛编号"选项，然后单击"下一步"按钮，如图 1-16 所示。

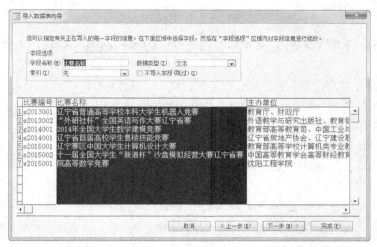

图 1-15 "导入数据表向导"对话框（三）

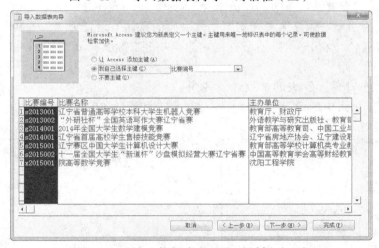

图 1-16 "导入数据表向导"对话框（四）

（7）在弹出的"导入数据表向导"对话框（五）的"导入到表"文本框中，输入"比赛类别"，单击"完成"按钮。

导入完成后，利用设计视图修改比赛编号、比赛名称、主办单位、承办单位各字段的字段大小分别为 8、30、30、20，比赛时间的数据类型为"日期/时间"，是否 A 类的数据类型为"是/否"，备注字段的数据类型为"备注"。

实验 5 字段的属性设置

【实验目的】

1. 掌握字段常用属性的设置及修改方法。
2. 掌握字段格式属性的设置。
3. 掌握有效性规则属性的功能及设置。
4. 掌握输入掩码的设置。

【实验内容】

【任务 1】将"学生参赛管理"数据库的比赛类别表中的日期型字段的格式设置为"短日期"。

操作步骤：

（1）打开"学生参赛管理"数据库，在导航窗格的表对象中选择"比赛类别"表，单击右键打开快捷菜单，选择"设计"视图菜单命令，进入表"设计"视图。

（2）在表"设计"视图中，选择"比赛时间"字段，在"字段属性"栏中将其"格式"属性设置为"短日期"，如图 1-17 所示。

（3）保存对表的修改。如果不主动保存，则在关闭"设计"视图时，系统将弹出信息框询问是否进行保存。

图 1-17　设置日期"格式"属性

【任务 2】将"参赛情况"表的"流水号"字段的"标题"设置为"参赛顺序"；"获奖级别"字段的默认值设置为"二等奖"；"积分"字段的有效性规则设置为"积分>0"；有效性文本为"积分必须大于 0"。

操作步骤：

（1）打开"参赛情况"表的"设计"视图。

（2）"设计"视图中的设置如图 1-18、图 1-19 和图 1-20 所示。

（3）保存设置。

图 1-18　设置"标题"属性

图 1-19　设置"默认值"属性

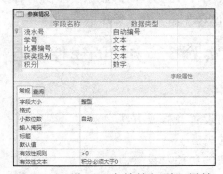

图 1-20　设置"有效性规则"属性

【任务 3】为"学生"表的"院系"字段设置查阅属性，显示控件为组合框，行来源类型为值列表，行来源为能源与动力学院、电力学院、自动化学院、管理学院、信息学院。

操作步骤：

（1）打开"学生"表的"设计"视图。

（2）选择"院系"字段，在右边的"数据类型"列表中选择"查阅向导"选项，如图 1-21 所示。

（3）弹出"查阅向导"对话框（一），选择"自行键入所需的值"选项。

（4）单击"下一步"按钮，弹出"查阅向导"对话框（二），输入所需的一组值，如图 1-22 所示。后续的向导对话框略。

图 1-21　设置"查阅"数据类型

当向导完成引导后，就可以在"设计"视图的"查阅"选项卡中，看到有关的属性设置，如图 1-23 所示，以后在对表的数据录入时，"院系"字段形如组合框，用户可以从下拉列表中选择录入，也可以直接键入。

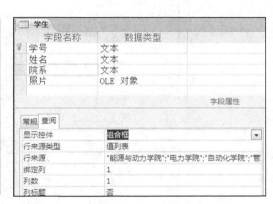

图 1-22　"查阅向导"对话框　　　　图 1-23　查阅选项卡

【任务 4】在"学生"表和"参赛情况"表之间按"学号"字段建立关系，在"比赛类别"表和"参赛情况"表之间按"比赛编号"字段建立关系，两个关系都实施参照完整性。

操作步骤：

（1）选择"数据库工具"选项卡。

（2）单击"关系"分组中的"关系"按钮，弹出"关系"布局窗口和"显示表"对话框，如图 1-24 所示。

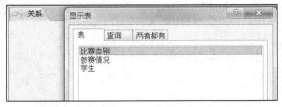

图 1-24　"关系"布局窗口和"显示表"对话框

（3）从"显示表"对话框中双击要作为相关表的名称："学生"表、"比赛类别"表和"参赛情况"表，将它们添加到"关系"布局窗口中，然后关闭"显示表"对话框。

（4）在"关系"布局窗口中，将"学生"表中的"学号"字段拖到"参赛情况"表中的"学号"字段，同时打开"编辑关系"对话框，如图1-25所示。

多数情况下是将表中的主键字段（以粗体文本显示）拖到其他表中名为外键的相似字段（它们经常具有相同的名称）。

（5）根据需要设置关系选项后，单击"创建"按钮，完成关系的创建并自动关闭"编辑关系"对话框。

（6）在"关系"布局窗口中，将"比赛类别"表中的"比赛编号"字段拖到"参赛情况"表中的"比赛编号"字段，再次打开"编辑关系"对话框，重复步骤（5），完成关系的创建，各表之间的关系如图1-26所示。

图 1-25　"关系"布局窗口和"编辑关系"对话框

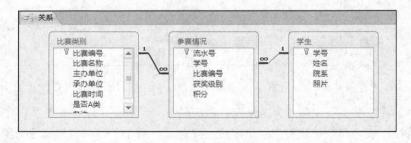

图 1-26　各表之间的关系

（7）关闭"关系"窗口布局时，系统将询问是否保存该布局。不论是否保存该布局，所创建的关系都已保存在此数据库中。

【任务 5】根据表 1-1、表 1-3 的结构描述，在"学生""参赛情况"表中输入记录，照片内容可以自己定义。比赛类别表在导入表结构时已经导入了数据。

操作步骤：

仅以"学生"表的数据录入为例说明操作过程：

（1）在"学生参赛管理"数据库的导航窗格中，双击"学生"表，打开"学生"表的"数据表"视图。

（2）在"数据表"视图中输入表 1-1 所列的数据。由于"院系"字段的查阅属性设置为"值列表"，因此当光标停留在"部门"字段时，该字段表现为组合框，直接选择即可。

（3）"照片"字段是 OLE 类型，可以嵌入位图文件或链接位图文件到该字段。方法为：右键单击"照片"字段的单元格，在打开的快捷菜单中选择"插入对象"菜单命令，弹出"插入对象"对话框，如图 1-27 所示，选中"由文件创建"单选框，并通过单击"浏览"按钮来确定要插入的照片，然后单击"确定"按钮完成插入。若未选择"链接"选项，将在"OLE 对象"字段中嵌入图像，链接占用的空间比嵌入图像少。

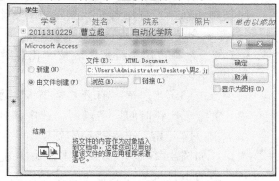

图 1-27　"插入对象"对话框

【任务 6】在"学生"表中，将"院系"字段移到"姓名"字段的前面，然后增加一个"联系方式"字段，数据类型为"超链接"（存放读者的 E-mail 地址）。

操作步骤：

（1）打开"学生"表的"设计"视图，选中"院系"字段。

（2）单击并拖动"院系"字段到"姓名"字段的前面，然后释放鼠标完成移动。

（3）在"字段名称"的第一个空白单元格中输入"联系方式"，选择其数据类型为"超链接"，如图 1-28 所示。

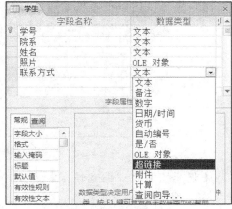

图 1-28　添加字段

【任务 7】在"学生"表和"比赛类别"表中添加两条记录，内容自定。

操作提示：

分别打开"学生"表和"比赛类别"表的"数据表视图"，在最后一行输入数据即可。

【任务 8】删除"比赛类别"表中新添加的两条记录。

操作提示：

打开比赛类别表的"数据表视图"，在欲删除的记录行上右击，在出现的快捷菜单中选择"删除记录"。

实验 6　表中数据的排序与筛选

【实验目的】

1. 掌握表中数据的排序方法。

2. 掌握表中数据的筛选方法。

【实验内容】

【任务 1】备份数据库中的 3 个表，为后续实验保留原始表。

操作提示：

用复制和粘贴的方法备份数据库中的 3 个表，分别命名为"学生-备份"表、"比赛类别-备份"表和"参赛情况-备份"表。

【任务 2】将"比赛类别"表按"比赛时间"升序排序。

操作步骤：

（1）双击"学生"表，打开"数据表"视图。

（2）单击"比赛时间"字段名，选中该列。

（3）单击"开始"→"排序和筛选"→"升序"按钮，如图 1-29 所示，或单击"比赛时间"字段名旁边的下拉按钮，选择下拉菜单中的"升序"命令，完成排序，如图 1-30 所示。

图 1-29　"排序和筛选"组

（4）在关闭"数据表"视图时，系统会提示"保存"操作，用户可根据需要选择是否保存排序以后的数据表。

	比赛编号	比赛名称	主办单位	承办单位	比赛时间	是否A类	备注
	s2013001	辽宁省普通高	教育厅、财政	东北大学	2013/10/26	✓	
	s2013001	"外研社杯"	外语教学与研	沈阳大学	2013/10/27	✓	
	g2014001	2014年全国大	教育部高等教	无	2014/9/13	✓	
	s2014001	辽宁省首届高	辽宁省房地产	辽宁商贸职业	2014/11/18		
	s2015001	辽宁赛区中国	教育部高等学	沈阳师范大学	2015/5/22	✓	
	s2015002	十一届全国大	中国高等教育	大连民族大学	2015/5/23		
	x2015001	院高等数学竞	沈阳工程学院	基础部	2015/6/3		

图 1-30　排序后的比赛类别表

【任务 3】将"参赛情况"表按"学号"排序，对同一学生按"比赛编号"降序排序。

操作步骤：

（1）打开"参赛情况"表的"数据表"视图。

（2）单击"排序和筛选"→"高级选项筛选"按钮 ，在下拉列表中选择"高级筛选/排序"命令，打开"筛选"设计窗口，在窗口的设计区域进行选择设置，如图 1-31 所示。

（3）设置完成后，选择"排序和筛选"→"高级筛选选项"→"应用筛选/排序"命令，即可完成对数据表的排序，如图 1-32 所示。

图 1-31　"筛选/排序"设置

参赛顺序	学号	比赛编号	获奖级别	积分	单击以添加
1	2013103229	s2013001	二等奖	6	
8	2012625101	s2015002	二等奖	6	
7	2012625101	s2015001	优胜奖	3	
4	2012625101	s2014001	一等奖	8	
3	2013103215	g2014001	三等奖	8	
2	2013201321	g2014001	一等奖	12	
10	2014103237	s2015001	一等奖	8	
6	2014103237	s2015001	二等奖	6	
9	2014414106	x2015001	一等奖	4	
5	2014414106	s2015001	一等奖	8	
*	(新建)		二等奖		

图 1-32　排序后的"参赛情况"表

实施排序前的数据表是按照录入的先后顺序排列数据的，表中"流水号"字段是"自动编号"类型，其值由小至大，是在记录录入时自动生成的。

（4）在关闭"数据表"视图时，系统会提示"保存"操作，用户可根据需要选择是否保存。选择"保存"操作可保存所进行的排序设置。

【任务4】从"比赛类别"表中查找 2015 年举办的省级非 A 类比赛。

操作步骤：

（1）打开"比赛类别"表的"数据表"视图。

（2）单击"排序和筛选"→"高级筛选选项"按钮，在下拉列表中选择"高级筛选/排序"命令，打开"筛选"设计窗口，在窗口的设计区域进行选择设置，如图 1-33 所示。"是否 A 类"字段是"是/否"类型，其值为 Yes 或 No。

图 1-33 "筛选"设置

（3）设置完成后，执行"排序和筛选"→"高级筛选选项"→"应用筛选/排序"命令，实施对数据表的筛选，结果如图 1-34 所示。

图 1-34 筛选结果

（4）单击"排序和筛选"→"取消筛选"按钮，可以取消对数据表的筛选。

（5）保存操作与上一题相同。

实验 7 设 置 索 引

【实验目的】

掌握设置索引的方法。

【实验内容】

【任务1】在"学生"表中，按"院系"字段建立普通索引（有重复索引）。

操作步骤：

（1）打开"学生"表的"设计"视图。

（2）在"设计"视图中，选定要建立索引的字段为"院系"。

（3）打开"常规"选项卡中的"索引"下拉列表框，选择其中的"有（有重复）"选项，如图 1-35 所示。

（4）保存对表的设计修改。

【任务2】在"参赛情况"表中，按"学号"和"比赛编号"两个字段建立唯一的索引，索引名为"学号+比赛编号"。按"学号"和"获奖级别"两个字段建立普通索引，索引名为"学号+获奖级别"。

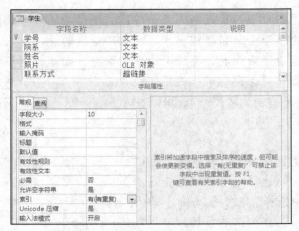

图 1-35   设置普通索引

操作步骤：

（1）打开"参赛情况"表的"设计"视图。

（2）单击 Access 窗口中"显示/隐藏"→"索引"按钮，弹出"索引"对话框，如图 1-36 所示。

图 1-36   "索引"对话框

（3）在第一个空白行的"索引名称"列中，键入索引名称为"学号+比赛编号"。

（4）在"字段名称"列中，单击箭头，选择索引的第一个字段为"学号"。

（5）在"字段名称"列的下一行，选择索引的第二个字段为"比赛编号"，并使该行的"索引名称"列为空，在"索引属性"栏中设置"主索引"属性为"是"，设置完成如图 1-37 所示。

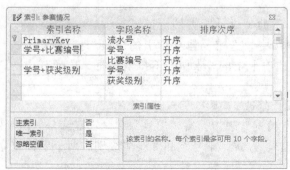

图 1-37   索引的设置

（6）用类似的方法建立"学号+获奖级别"索引，并在"索引属性"栏中设置"主索引"和"唯一索引"属性均为"否"。

实验 8　利用向导创建查询

【实验目的】

1. 掌握利用向导创建查询的一般方法。
2. 掌握"交叉表查询向导"创建查询方法。

【实验内容】

【任务 1】利用"查找不匹配项查询向导"查找从没参加过比赛的学生的学号、姓名、院系，查询对象保存为"未参加过比赛的学生"。

解题分析：用"查找不匹配项查询向导"创建的查询，可以在一个表中查找那些在另一个表中没有相关记录的记录。本题以"学生"表和"参赛情况"表中的关联字段"学号"为匹配字段，以确定两个表中的记录是否相关。

操作步骤：

（1）打开"学生参赛管理"数据库，单击"创建"→"查询"→"查询向导"按钮 ，弹出"新建查询"对话框，如图 1-38 所示。

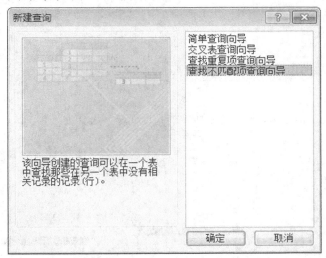

图 1-38　"新建查询"对话框

（2）选择"查找不匹配项查询向导"选项，然后单击"确定"按钮，弹出"查找不匹配项查询向导"对话框（一），根据题意，选择"学生"表作为查询结果的记录来源，如图 1-39 所示。

（3）单击"下一步"按钮，弹出"查找不匹配项查询向导"对话框（二），选择相关表为"参赛情况"表，如图 1-40 所示。

（4）单击"下一步"按钮，弹出"查找不匹配项查询向导"对话框（三），确定在两张表中都有的信息，此处选择匹配字段为"学号"，如图 1-41 所示。

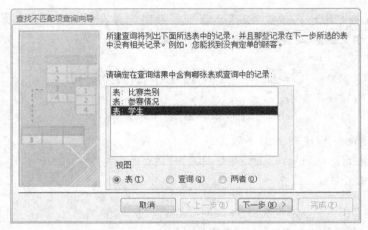

图 1-39　"查找不匹配项查询向导"（一）

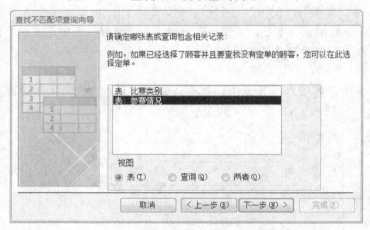

图 1-40　"查找不匹配项查询向导"对话框（二）

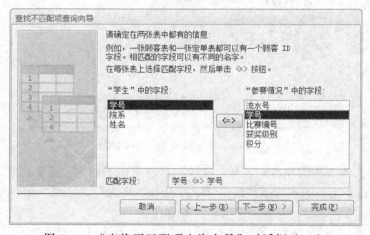

图 1-41　"查找不匹配项查询向导"对话框（三）

（5）单击"下一步"按钮，弹出"查找不匹配项查询向导"对话框（四），选择查询结果中所需的字段，如图 1-42 所示。

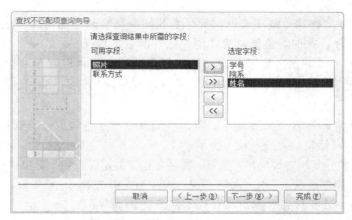

图 1-42　"查找不匹配项查询向导"对话框（四）

（6）单击"下一步"按钮，"查找不匹配项查询向导"对话框（五），确定所建查询的名称为"未参加过比赛的学生"，如图 1-43 所示。

图 1-43　"查找不匹配项查询向导"对话框（五）

（7）单击"完成"按钮，结束查询的创建，如图 1-44 所示。

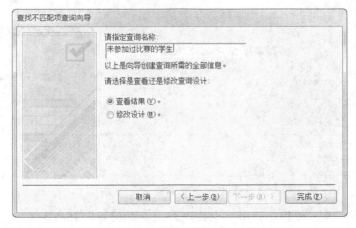

图 1-44　不匹配项查询结果

【任务 2】利用"查找重复项查询向导"查找同一比赛的参加情况，包含学号、比赛编号、获奖级别和积分，查询对象保存为"同一比赛的参加情况"。

解题分析：利用"查找重复项查询向导"创建的查询，可以在单一表或查询中查找具有重复字段值的记录。本例在"参赛情况"表中查找相同比赛编号的记录。

操作步骤：

（1）打开"学生参赛管理"数据库，单击"创建"→"查询"→"查询向导"按钮 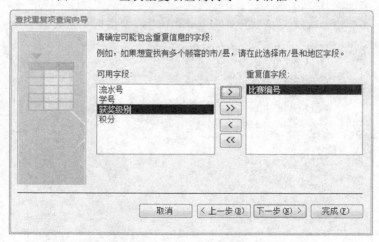，弹出"新建查询"对话框，如图 1-38 所示。

（2）选择"查找重复项查询向导"选项，然后单击"确定"按钮，弹出"查找重复项查询向导"对话框（一），根据题意，选择"参赛情况"表作为查询结果的记录来源，如图 1-45 所示。

（3）单击"下一步"按钮，弹出"查找重复项查询向导"对话框（二），将"可用字段"列表中的"比赛编号"添加到"重复值字段"列表中，如图 1-46 所示。

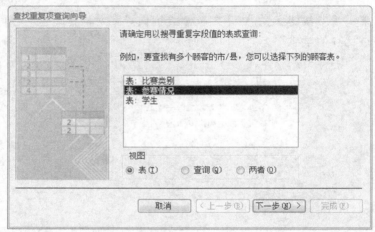

图 1-45   "查找重复项查询向导"对话框（一）

图 1-46   "查找重复项查询向导"对话框（二）

（4）单击"下一步"按钮，弹出"查找重复项查询向导"对话框（三），选择除重复值字段外的其他显示字段，如图 1-47 所示。

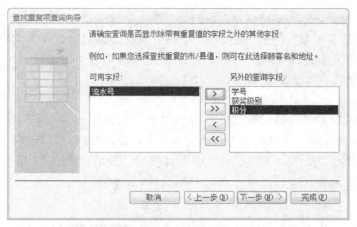

图 1-47 "查找重复项查询向导"对话框（三）

（5）单击"下一步"按钮，"查找重复项查询向导"对话框（四），确定所建查询的名称为"同一比赛的参加情况"，如图 1-48 所示。

（6）单击"完成"按钮，结束查询的创建，如图 1-49 所示。

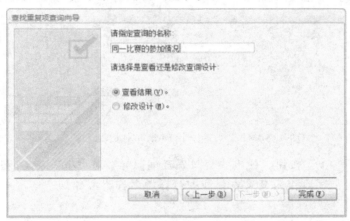

图 1-48 "查找重复项查询向导"对话框（四）

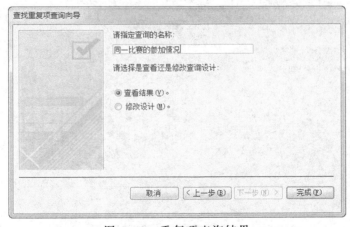

图 1-49 重复项查询结果

【**任务 3**】利用"交叉表查询向导"查询每个学生的参赛情况和参赛次数,行标题为"学号",列标题为"比赛编号",按"流水号"字段计数。查询对象保存为"参赛明细表"。

解题分析:交叉表查询,可以一种紧凑的、类似电子表格的形式显示数据。利用"交叉表查询向导"创建交叉表查询更方便、直观。

操作步骤:

(1)打开"学生参赛管理"数据库窗口,单击"创建"→"查询"→"查询向导"按钮 ,弹出"新建查询"对话框,在其中选择"交叉表查询向导"选项,如图 1-38 所示。

(2)单击"确定"按钮,弹出"交叉表查询向导"对话框(一),根据题意,选择"参赛情况"表作为交叉表查询的记录来源,如图 1-50 所示。

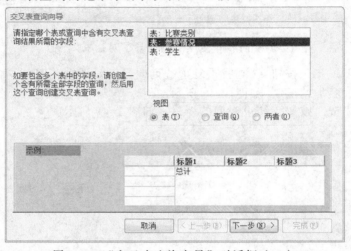

图 1-50 "交叉表查询向导"对话框(一)

(3)单击"下一步"按钮,弹出"交叉表查询向导"对话框(二),在"可用字段"列表框中选择"学号"字段作为交叉表查询的行标题名称,添加到"选定字段"列表框中,如图 1-51 所示。

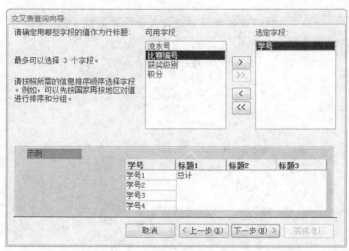

图 1-51 "交叉表查询向导"对话框(二)

（4）单击"下一步"按钮，弹出"交叉表查询向导"对话框（三），选择"比赛编号"字段作为交叉表查询的列标题名称，如图1-52所示。

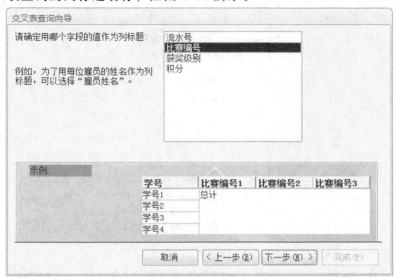

图1-52　"交叉表查询向导"对话框（三）

（5）单击"下一步"按钮，弹出"交叉表查询向导"对话框（四），确定交叉表查询中的每个行和列交叉点的计算表达式。在"字段"列表框中选择"流水号"字段，在"函数"列表框中选择"Count(计数)"函数，计算某学生参加比赛的次数，如图1-53所示。

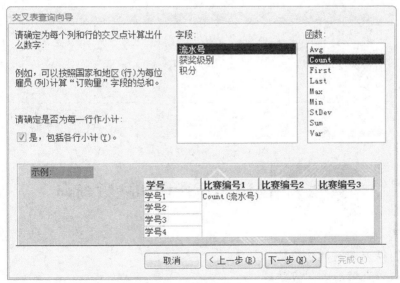

图1-53　"交叉表查询向导"对话框（四）

（6）单击"下一步"按钮，弹出"交叉表查询向导"对话框（五），确定所建交叉表查询的名称为"参赛明细表"，如图1-54所示。

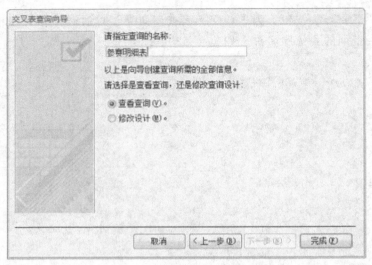

图 1-54 "交叉表查询向导"对话框（五）

（7）单击"完成"按钮，结束查询的创建，如图 1-55 所示。

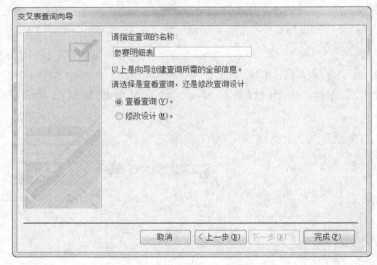

图 1-55 交叉查询结果

实验 9　创建选择查询和参数查询

【实验目的】

1. 掌握选择查询的创建方法。
2. 掌握参数查询的创建方法。

【实验内容】

【任务 1】创建一个名为"能源与动力学院参赛情况"的查询，查找能源与动力学院学生的参赛情况，包括学号、姓名、院系、比赛名称和获奖级别，并按比赛名称排序。

操作步骤:

(1)打开"学生参赛管理"数据库,单击"创建"→"查询"→"查询设计"按钮 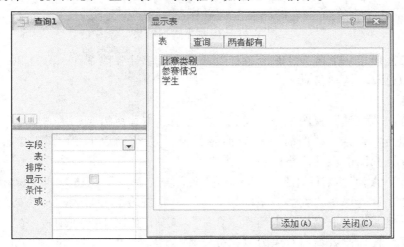,
弹出查询"设计"视图以及"显示表"对话框,如图1-56所示。

图1-56　查询"设计"视图

(2)从"显示表"对话框中选中所有表,将它们添加到"设计"视图的"表/查询显示
区"中,然后关闭"显示表"对话框。

(3)将查询对象所需要的字段,从各个数据表中依次拖放到设计网格的"字段"单元
格中。

(4)在"院系"字段所在列的"条件"单元格中,输入查询条件"能源与动力
学院"。

(5)在"比赛名称"字段所在列的"排序"单元格中,选择排序条件为"升序"。

(6)保存查询设计,命名为"能源与动力学院参赛情况"。设置完成后的查询"设计"
视图如图1-57所示。

(7)单击"开始"→"视图"→"数据表视图"按钮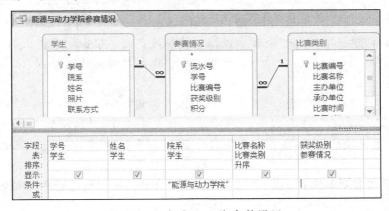,或单击"查询工具/设计"→
"结果"→"运行"按钮!,均可得到查询结果,如图1-58所示。

图1-57　任务1查询参数设置

能源与动力学院参赛情况				
学号	姓名	院系	比赛名称	获奖级别
2013103215	赵存	能源与动力学	2014年全国大	三等奖
2014103237	郭启立	能源与动力学	辽宁赛区中国	二等奖
2014103237	郭启立	能源与动力学	院高等数学竞	二等奖

图 1-58 任务 1 查询结果

【任务 2】创建一个名为"积分总计"的查询，统计各院系的积分总和，查询结果中包括院系和积分总计两项信息。

操作步骤：

（1）在查询"设计"视图中进行设置。先将包含查询所需字段的"学生"表和"参赛情况"表添加至"设计"视图的"表/查询显示区"，并拖动表中"院系"字段和"积分"字段至"设计"视图的设计网格区。

（2）单击"查询工具|设计"→"显示/隐藏"→"汇总"按钮 Σ，在设计网格中增加了一个"总计"行。保持"院系"字段"总计"单元格的值（"分组"）不变，在"积分"字段"总计"单元格的下拉列表中选择"合计"选项，如图 1-59 所示。

（3）保存设置，命名查询对象为"积分总计"。

（4）运行查询，结果如图 1-60 所示。

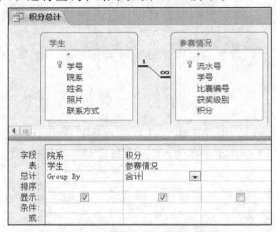

图 1-59 任务 2 查询参数设置

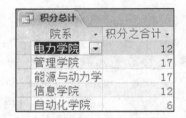

图 1-60 任务 2 查询结果

【任务 3】创建一个名为"按姓名查询"的参数查询，根据用户输入的学生姓名查询该学生的参赛情况，包括姓名、院系、比赛名称、比赛时间和获奖级别。

操作步骤：

（1）打开"学生参赛管理"数据库，单击"创建"→"查询"→"查询设计"按钮，弹出查询"设计"视图以及"显示表"对话框，从"显示表"对话框中添加需要的表，将查询对象所需要的字段，从各个数据表中依次拖放到设计网格的"字段"单元格中。

（2）进行查询准则的设置：在"学生"字段的"条件"单元格中输入"[请输入姓名：]"，如图 1-61 所示。

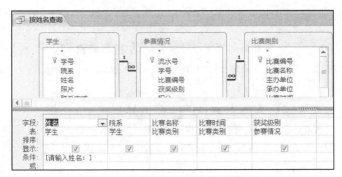

图 1-61 任务 3 查询参数设置

（3）保存设置。

（4）运行查询对象，弹出"输入参数值"对话框，如图 1-62 所示，要求输入参数值。

（5）输入作者"任明娇"后单击"确定"按钮，查询结果如图 1-63 所示。

图 1-62 "输入参数值"对话框　　　　图 1-63 任务 3 查询结果

【任务 4】创建一个名为"按积分范围查询"的参数查询，查询获得积分在一定范围之内的学生参赛情况，包括学号、姓名、院系、比赛名称、比赛时间和积分。

操作提示：

参照任务 3 先创建查询，再进行查询准则的设置，如图 1-64 所示。

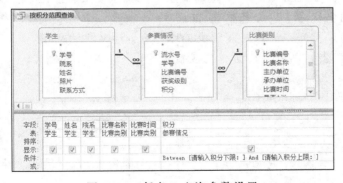

图 1-64 任务 4 查询参数设置

实验 10　创建操作查询

【实验目的】

1. 了解各种操作查询的用途。

2. 掌握各种操作查询的建立方法。

【实验内容】

【任务1】创建一个名为"查询各赛事一等奖"的生成表查询，将所有获一等奖的学生的情况（包括学号、姓名、院系、比赛名称）保存到一个新表中，新表的名称为"表彰名单"。

操作步骤：

（1）在"学生参赛管理"数据库窗口的功能区域，单击"创建"→"查询"→"查询设计"按钮 ，弹出查询"设计"视图和"显示表"对话框。

（2）在弹出的"显示表"对话框中，将所有表添加到"设计"视图的"表/查询显示区"，然后关闭"显示表"对话框。

（3）依次将表中的"学号""姓名""院系""比赛名称"和"获奖级别"字段添加到"设计"视图的设计网格中。

（4）在设计网格"获奖级别"字段的"条件"单元格中，输入"一等奖"。

（5）取消"获奖级别"字段的"显示"复选项，如图1-65所示。

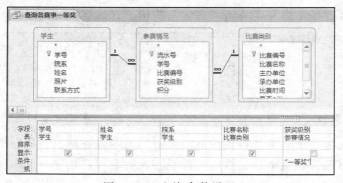

图1-65　查询参数设置

（6）单击"查询工具/设计"→"查询类型"→"生成表"按钮 ，弹出"生成表"对话框，输入新表的名称为"表彰名单"，如图1-66所示，单击"确定"按钮关闭对话框。

（7）单击"结果"→"运行"按钮或选择"查询/运行"菜单命令，弹出信息提示框，如图1-67所示，单击"确定"按钮，完成新表"表彰名单"的创建。

图1-66　"生成表"对话框

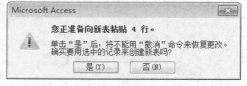

图1-67　信息提示框

（8）在"数据表"视图中打开"表彰名单"表，如图1-68所示。

图1-68　任务1查询结果

【任务 2】备份【任务 1】所建"表彰名单"表，命名为"表彰名单（含国赛所有奖项）"表。再创建一个名为"添加国赛各奖项"的追加查询，将国家级比赛中除一等奖外的其他获奖学生的情况添加到"表彰名单（含国赛所有奖项）"表中。

操作步骤：

（1）重复【任务 1】的步骤，依次将表中"学号""姓名""院系""比赛名称"和"获奖级别"字段添加到"设计"视图的设计网格中，再添加"比赛编号"字段。

（2）在设计网格"获奖级别"字段的"条件"单元格中输入 Not"一等奖"。在"比赛编号"字段的"条件"单元格中输入 like"g*"。

（3）取消"获奖级别""比赛编号"字段的"显示"复选项，查询设置如图 1-69 所示。

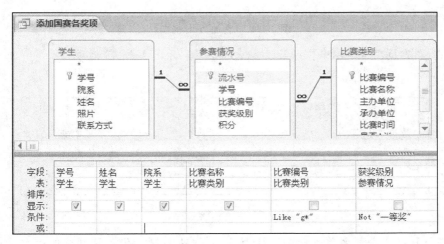

图 1-69　查询设置

（4）单击"查询工具/设计"→"查询类型"→"追加"按钮，弹出"追加"对话框，从下拉列表框中选择"追加到"的表名称为"表彰名单（含国赛所有奖项）"，如图 1-70 所示，单击"确定"按钮关闭对话框。

图 1-70　"追加"对话框

（5）此时查询"设计"视图的设计网格中添加了"追加到"行，如图 1-71 所示。

（6）选择"查询/运行"菜单命令，弹出信息提示框，单击"确定"按钮，完成对"表彰名单（含国赛所有奖项）"表的记录追加。

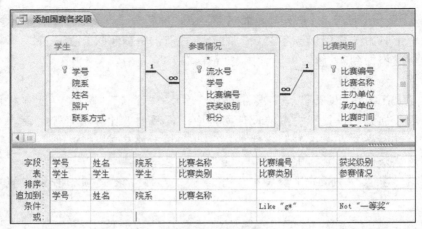

图 1-71　追加查询视图

（7）在"数据表"视图中打开"表彰名单（含国赛所有奖项）"表，如图 1-72 所示。

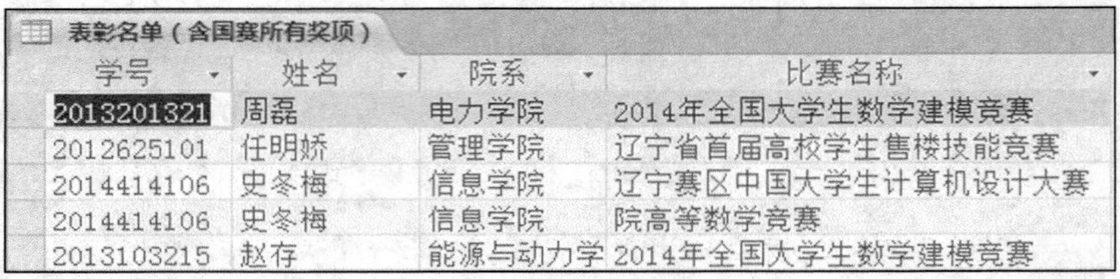

图 1-72　追加查询结果

【任务 3】将"表彰名单（含国赛所有奖项）"表复制一份，复制后的表名为"表彰名单（含国赛所有奖项）副本"，创建一个名为"删除院系参赛情况"的删除查询，将"信息学院"学生的参赛情况从"表彰名单（含国赛所有奖项）副本"表中删除。

操作提示：

删除查询可以从一个或多个表中删除一组记录。本题是创建"删除查询"的应用，创建过程与追加查询的创建类似。

【任务 4】将"学生"表复制一份，复制后的表名为"学生副本"，然后创建一个名为"更改院系"的更新查询，将"学生副本"表中院系为"能源与动力学院"的字段值改为"新能源学院"。

操作提示：

更新查询可对一个或多个表中的一组记录作全局的更改。本题是创建"更新查询"的应用，创建过程与追加查询的创建类似。

实验 11　SQL 查询的创建

【实验目的】

1. 掌握 SQL 查询基本语句 Select，From，Where 的用法。

2. 掌握 SQL 查询的建立方法。

【实验内容】

以下任务均按如下步骤进行：

（1）在设计视图中创建查询，不添加任何表，在"显示表"对话框中直接单击"关闭"按钮，进入空白的查询设计视图。

（2）单击"查询工具"→"设计"→"视图"→"SQL 视图"按钮，也可以鼠标右键单击查询 1 选项卡，进入 SQL 视图。

（3）在 SQL 视图中输入语句。

（4）保存查询。

（5）单击"运行"按钮，显示查询结果。

【任务 1】 从"学生"表中查找电力学院学生的所有信息。

操作提示：

在 SQL 视图中使用如下语句：

```
SELECT 学号,姓名,院系,照片,联系方式
FROM 学生
WHERE 院系="电力学院";
```

或者

```
SELECT *
FROM 学生
WHERE 院系="电力学院";
```

【任务 2】 从"比赛类别"表中查找 2014 年举办的比赛名称，主办单位，承办单位和比赛时间。

操作提示：

在 SQL 视图中使用如下语句：

```
SELECT 比赛名称,主办单位,承办单位,比赛时间
FROM 比赛类别
Where year(比赛时间)="2014";
```

【任务 3】 从"学生"表中查询郭姓学生的情况。

操作提示：

在 SQL 视图中使用如下语句：

```
SELECT 学号,姓名,院系,照片,联系方式
FROM 学生
WHERE 姓名 like"郭*";
```

【任务 4】 统计各学院的积分总计，并按积分降序输出。

操作提示：

在 SQL 视图中使用如下语句：

```
SELECT 学生.院系,Sum(参赛情况.积分)AS 积分之合计
FROM 学生 INNERJOIN 参赛情况 ON 学生.学号=参赛情况.学号
GROUPBY 学生.院系
ORDERBYSum(参赛情况.积分)DESC;
```

【任务 5】 查询所有参加过 A 类比赛的学生学号、姓名、院系。

操作提示：

在 SQL 视图中使用如下语句：

SELECT 学生.学号,学生.院系,学生.姓名
FROM 比赛类别 INNERJOIN(学生 INNERJOIN 参赛情况 ON 学生.学号=参赛情况.学号)ON 比赛类别.比赛编号=参赛情况.比赛编号
WHERE(((比赛类别.是否 A 类)=Yes));

实验 12　自动创建窗体和用窗体向导创建窗体

【实验目的】

1. 掌握"自动创建窗体"创建窗体的方法。
2. 掌握"窗体向导"创建窗体的方法。
3. 能够根据具体要求，选择合适的窗体创建方法。

【实验内容】

【任务 1】建立一个"赛事信息浏览"窗体，数据源为"比赛类别"表，窗体标题为"赛事信息浏览"。

操作步骤：

（1）单击"创建"→"窗体"→"向导"按钮，弹出"窗体向导"对话框，选择比赛类别表并选择所有可用字段，如图 1-73 所示。

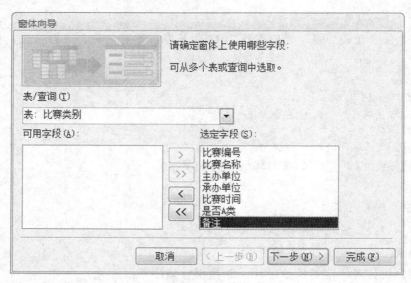

图 1-73　"窗体向导"对话框（一）

（2）确定窗体使用的布局为纵栏表，如图 1-74 所示。

（3）为窗体指定标题为"赛事信息浏览"，如图 1-75 所示，单击"完成"按钮。

（4）在窗体的"设计"视图中，调整控件布局。双击调整后的学生信息浏览窗体，如图 1-76 所示。

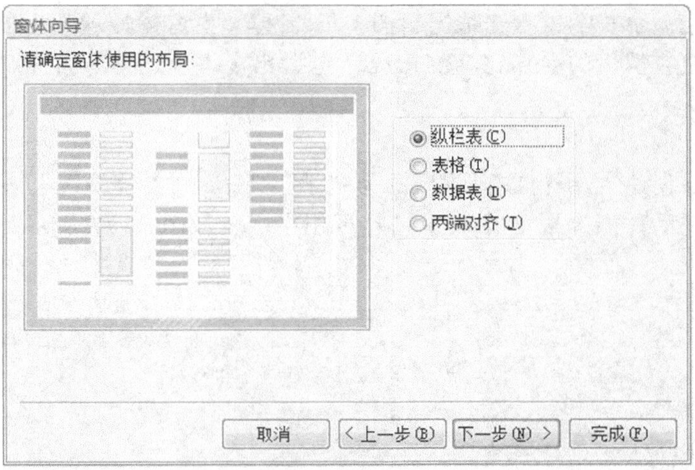

图 1-74　"窗体向导"对话框（二）

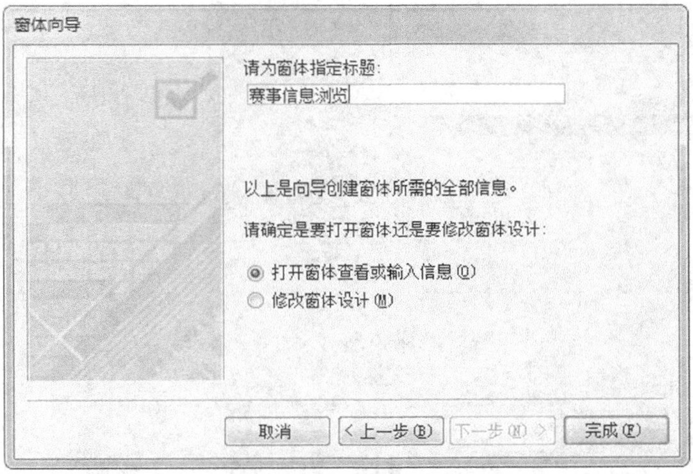

图 1-75　"窗体向导"对话框（三）

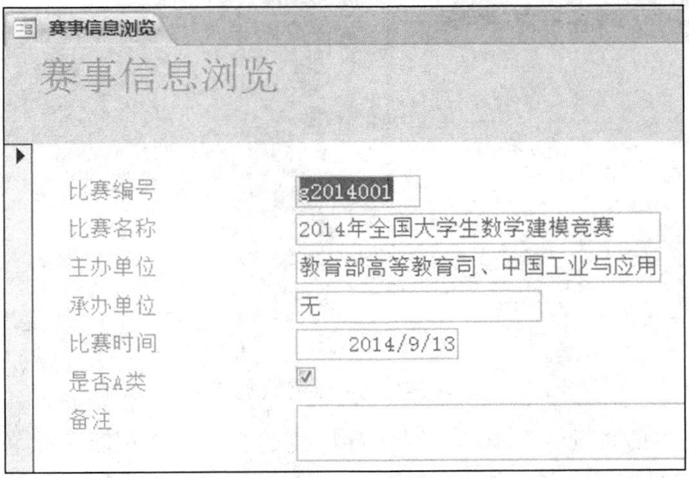

图 1-76　赛事信息浏览窗体

【**任务2**】建立一个"学生参赛情况"的主/子窗体。主窗体显示学生的学号、姓名和院系。子窗体显示相应学生的参加比赛的情况，包括比赛编号、比赛名称、比赛时间和获奖级别。

操作步骤：

（1）利用向导创建主/子窗体，数据源为"学生"表、"参赛情况"表和"比赛类别"表。根据向导的提示，依次从 3 个表中选择可用字段，如图 1-77 所示，选择的显示布局如图 1-78 所示。

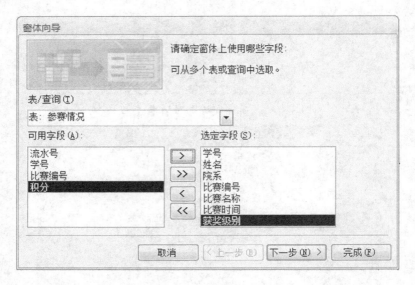

图 1-77　窗体向导–选择数据源

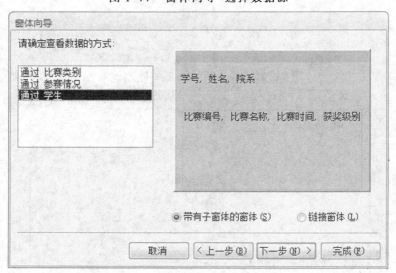

图 1-78　窗体向导–确定数据查看方式

（2）再利用窗体的"设计"视图，对向导所建的窗体框架进行美化和修饰，如图 1-79所示。

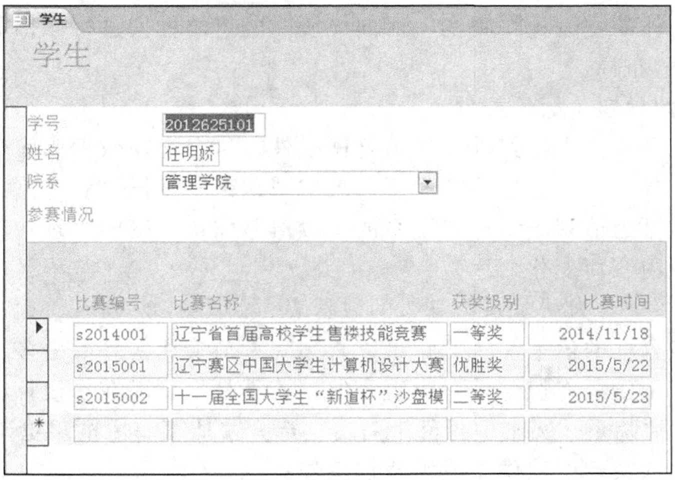

图 1-79 学生参赛情况主/子窗体

实验 13 控件的创建及属性设置

【实验目的】

1. 掌握各种控件的创建方法。
2. 掌握窗体及控件属性的设置。

【实验内容】

【任务 1】建立一个"学生记录"窗体，如图 1-80 所示。数据源为"学生"表，窗体标题为"学生信息卡"，要求院系的信息利用组合框控件输入或选择。然后通过窗体添加两条新记录，内容自行确定。

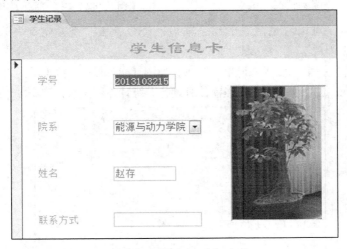

图 1-80 "学生记录"窗体

操作步骤：

（1）利用向导创建纵栏式窗体，数据源为"学生"表。

（2）再利用窗体的"设计"视图，对向导所建的窗体框架进行修饰。包括：

① 调整控件的布局。

② 修改窗体的标题（标签控件）。

（3）将"院系"的文本框控件改成组合框控件，值会根据数据库表变化。

在实验 5 的任务 3 中，已经将"学生"表的"院系"字段设置查阅属性，显示控件为组合框，行来源类型为值列表。这时院系的字段值是固定不变的，现在要创建的院系值会根据当前数据库的内容而变化。

① 首先创建一个名为"院系信息"的数据表，如图 1-81 所示，表中第一列"院系名称"字段将作为组合框的值来源，此时可以看到院系信息比实验 5 中多了文法学院。

② 在实验 5 中已经将控件设置为组合框，若不是，可以在"设计"视图中打开"学生记录"窗体，在"院系"文本框控件上右击，选择快捷菜单中的"更改为|组合框"菜单命令，将"院系"的文本框控件改成组合框控件。

③ 单击工具栏上"属性"按钮，弹出组合框"属性"窗口，设置相关属性，如图 1-82 所示。

图 1-81 "院系情况"表   图 1-82 组合框控件属性设置

（4）运行窗体，可以看见院系的组合框里已经包含了"院系情况"表中有而实验 5 任务 3 中没有的文法学院。

【任务 2】建立一个"参赛登记单"窗体，如图 1-83 所示。数据源为"参赛情况"表，窗体标题为"参赛记录"。要求显示系统当前的日期，并统计参赛人次。[提示：使用 Count（）函数]

图 1-83 "参赛登记单"窗体

操作步骤：

（1）利用向导创建表格式窗体，数据源为"参赛情况"表。

（2）再利用窗体的"设计"视图，对向导所建的窗体框架进行修饰。

（3）在窗体的"设计"视图中的"窗体页脚"栏，添加两个文本框控件，附加标签标题分别为"当前日期："和"借书人次："。

① 将第 1 个文本框控件的"控件来源"属性设置为"=Date（）"。

② 将第 2 个文本框控件的"控件来源"属性设置为"=Count（[流水号]）"。

窗体的"设计"视图如图 1-84 所示。

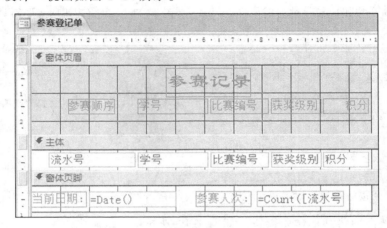

图 1-84 "参赛登记单"窗体"设计"视图

实验 14 利用设计视图创建窗体

【实验目的】

1. 掌握用"设计"视图创建窗体的方法。

2. 了解命令按钮能够实现的功能，并掌握使用控件向导创建命令按钮的方法。

【实验内容】

【任务 1】建立一个学生参赛管理"主界面"的窗体，如图 1-85 所示。单击各命令按钮，可分别打开前面两个实验建立的 4 个窗体，单击"退出"按钮，关闭窗体。

图 1-85 主界面窗体

操作步骤：

（1）在"设计"视图中打开一个空白窗体。

（2）在窗体中添加一个"选项组"控件，将其附加标签命名为"参赛管理"。

（3）首先激活控件向导，然后在放置命令按钮控件的同时，控件向导就会引导用户完成相应的设置，如图 1-86～图 1-89 所示。

图 1-86 "命令按钮向导"对话框（一）

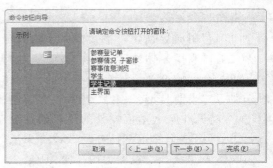
图 1-87 "命令按钮向导"对话框（二）

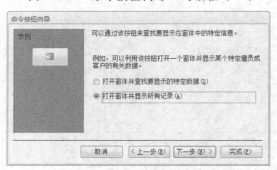
图 1-88 "命令按钮向导"对话框（三）

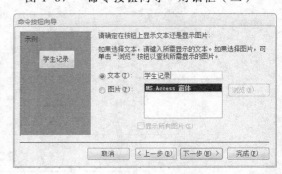
图 1-89 "命令按钮向导"对话框（四）

（4）类似操作创建其他命令按钮，如图 1-85 所示。

【任务 2】设计名为"参赛查看"的窗体，如图 1-90 所示，当用户输入年份，并单击"查询"按钮，将打开名为"某年参加的比赛"的窗体，如图 1-91 所示，显示了参加某年比赛的学生及获奖信息。

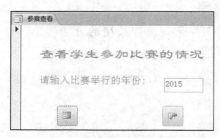
图 1-90 "参赛查看"窗体视图

图 1-91 "某年参加的比赛"窗体视图

解题分析：

"参赛查看"窗体是启动窗体，它通过命令按钮打开"某年参加的比赛"窗体，所传递的信息是文本框中用户输入的"年份"；在"某年参加的比赛"窗体中以条件查询对象为数据源，而查询的条件就是用户输入的"年份"。所以可使设计顺序为：创建查询对象、创建以查询为数据源的窗体、创建启动窗体。

操作步骤：

（1）创建查询对象，命名为"某年参加的比赛"，其"设计"视图如图 1-92 所示。

图中"条件"单元格中的"txt_year"将作为"参赛查看"窗体中"文本框"控件的名称。

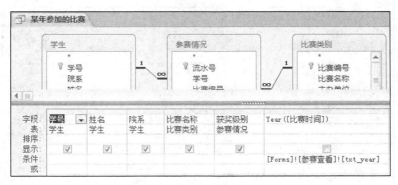

图 1-92 查询"设计"视图

（2）创建以查询对象为数据源的窗体，命名为"某年参加的比赛"。

① 利用窗体向导创建窗体，以第（1）步所建的"某年参加的比赛"查询对象作为窗体的数据源。窗体命名为"某年参加的比赛"。

② 在窗体页眉节添加非绑定文本框控件，控件来源设为"=[Forms]![参赛查看]![txt_year]"，删除其附加标签。

③ 在窗体页眉节添加第二个非绑定文本框控件，控件来源设为"=Count（*）"，用于统计查询对象中的记录数。其附加标签的"标题"属性为"年参加比赛学生人数为:"。

④ 确保工具箱中"控件向导"是激活状态，然后单击"命令按钮"控件，并在窗体页脚节的下方区域放置一个命令按钮，此时出现"命令按钮向导"对话框，如图 1-93 所示。

⑤ 选择"类别"中的"记录导航"和"操作"中的"转至第一条记录"选项，单击"下一步"按钮，出现"命令按钮向导"对话框（二），如图 1-94 所示，完成命令按钮的创建。

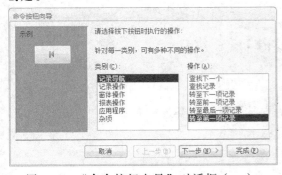

图 1-93 "命令按钮向导"对话框（一）

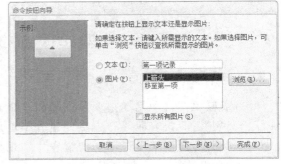

图 1-94 "命令按钮向导"对话框（二）

⑥ 重复步骤④及⑤，完成其余命令按钮的创建。

⑦ 设置窗体的多项"格式"属性：使窗体无最大、最小化按钮、无滚动条、无导航按钮等。完成后的窗体"设计"视图如图 1-95 所示。

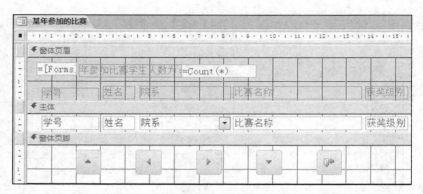

图 1-95 "某年参加的比赛"窗体"设计"视图

（3）创建启动窗体，命名为"借出查看"。

① 直接用"设计"视图创建窗体。

② 创建未绑定文本框控件，命名为"txt_year"。

③ 通过控件向导，使命令按钮与"打开窗体"功能连接（"某年参加的比赛"窗体）。

④ 使另一个命令按钮具有"关闭窗体"的功能。

（4）最终设置如图 1-96 所示，保存所有设置。

图 1-96 "参赛查看"窗体"设计"视图及文本框属性表

实验 15 报表设计（一）

【实验目的】

1. 掌握用"自动创建报表"方法和"报表向导"方法创建简单报表。

2. 掌握用"报表向导"方法创建分组汇总报表。

3. 根据不同要求设计不同的报表，实现显示和统计功能。

【实验内容】

【任务 1】建立一个"学生信息"报表，显示每个学生的详细信息，如图 1-97 所示。

操作步骤：

（1）利用"报表向导"创建纵栏式报表，数据源为"学生"表。

（2）在"设计"视图中打开向导所建报表，进一步修饰美化：

图 1-97 "学生信息"报表

① 调整绑定对象框使之与照片相适应。方法是设置绑定对象框的"缩放模式"属性为"缩放",属性设置如图 1-98 所示。

② 调整各控件上的文字使之居中显示,并使文字显示为"黑色"。方法是先选中所需控件,然后在属性窗口中设置"文本对齐"属性为"居中","前景色"属性为"黑色文本",如图 1-99 所示。

③ 修改报表的标题。

（3）保存对报表的设置,报表命名为"学生信息"。

图 1-98 "非绑定对象"控件属性窗口

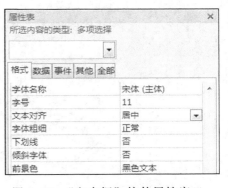

图 1-99 "文本框"控件属性窗口

【任务 2】建立一个"比赛参加情况"报表,显示每场比赛的参加情况及参加次数。

操作步骤:

（1）在"学生参赛管理.accdb"数据库窗口中单击"创建"→"报表"→"报表向导"按钮，启动"报表向导",弹出"报表向导"对话框（一）。

（2）在对话框中做如下设置,如图 1-100 所示。

① 在"表/查询"下拉列表中,选择"比赛类别"表,将"可用字段"列表框中的"比赛编号"和"比赛名称"字段添加到"选定字段"列表框中。

② 在"表/查询"下拉列表中,选择"参赛情况"表,将"可用字段"列表框中的"学号""获奖级别"和"积分"字段添加到"选定字段"列表框中。

（3）单击"下一步"按钮,弹出"报表向导"对话框（二),如图 1-101 所示。从对话框（二）右边的预览窗口中可以看到待建报表的显示方式（即查看数据的方式),特别说明的是："比赛编号"字段也可以来源于"参赛情况"表,本质上没有区别,只是会有不同的"查看数据的方式"。

图 1-100 "报表向导"对话框（一）   图 1-101 "报表向导"对话框（二）

（4）"报表向导"对话框（三）直接按向导引导完成。在"报表向导"对话框（四）中设置为先按积分降序，再按学号排序的方式，如图 1-102 所示。

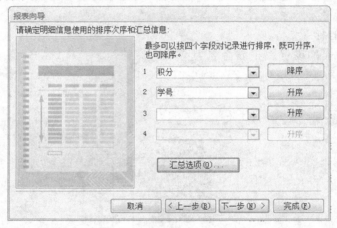

图 1-102 "报表向导"对话框（四）

（5）在"设计"视图中对所建报表进行修饰和美化，包括：

① 调整控件布局使之更加美观。

② 在"比赛编号页眉"栏添加一个文本框控件，设置其附加标签的"标题"属性为"参赛人次"，设置文本框的"控件来源"属性为表达式"=Count（[参赛情况]![学号]）"。

图 1-103 是修改后的"比赛参加情况"的报表设计视图。

图 1-103 "比赛参加情况"报表设计视图

（6）保存报表设计。在打印预览中打开所建报表，如图 1-104 所示。

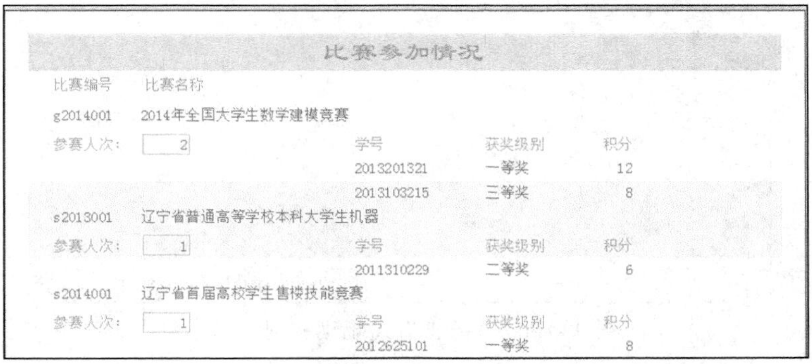

图 1-104　"比赛参加情况"打印预览

【任务 3】建立一个"获奖情况"报表，统计参赛学生的获奖情况（按比赛编号排序）。获得一等奖的用加粗、斜体文字显示。

解题分析：

报表所要显示的数据来源于 3 个数据表："学生"表、"比赛类别"表和"参赛情况"表，因为是以学生信息（学号、姓名）进行分组的，所以"学号"字段应取自"学生"表而不是"参赛情况"表。

操作步骤：

（1）利用"报表向导"创建所需报表的基本结构，然后在"设计"视图中打开报表，设置"一等奖"记录的显示方式为斜体、加粗。

① 按【Ctrl】键的同时，鼠标单击主体栏中的"比赛名称""获奖级别""积分"和"比赛时间"文本框控件，使之同时被选中。

② 单击"报表设计工具/格式"→"控件格式"→"条件格式"按钮 ，弹出"条件格式规则管理器"对话框，如图 1-105 所示。

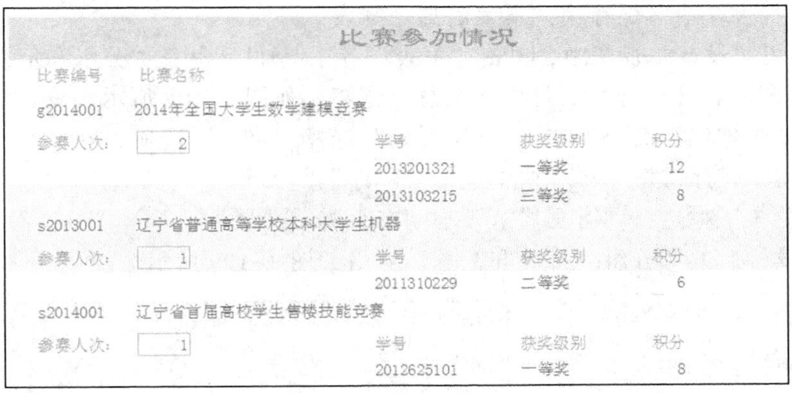

图 1-105　"条件格式规则管理器"对话框

③ 单击"新建规则"按钮，弹出"新建格式规则"对话框，在下拉列表中选择"表达式为"选项，在其右边的框中输入表达式"[获奖级别]="一等奖""，然后依次单击右下方的命令按钮（加粗和斜体），如图 1-106 所示。

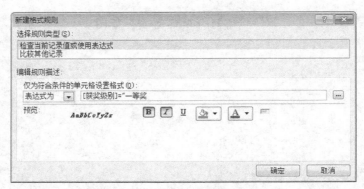

图 1-106　"新建格式规则"对话框

④ 单击"确定"按钮完成设置并关闭对话框。

（2）在"设计"视图中对各文本框进行美化。修改后的报表"预览"视图如图 1-107 所示。

图 1-107　创建完成后的报表"预览"视图

【任务 4】利用"自动创建报表：表格式"方法创建"学生信息一览表"报表，然后修改报表，使之按"院系"字段降序分组，并统计各院系的人数。

操作步骤：

（1）在导航窗格中选择"学生"表，单击"创建"→"报表"→"报表"按钮，自动创建表格式报表，命名保存为"学生信息一览表"。

（2）在报表"设计"视图中，单击"报表设计工具/设计"→"分组和汇总"→"分组和排序"按钮，打开"分组、排序和汇总"窗格，如图 1-108 所示，设置如下：

① 单击"添加组"命令按钮，"分组形式"选择"院系"选项。

② 在对应"排序次序"单元格中选择"降序"。

③ 在"更多"栏选择"有页眉节"与"有页脚节"属性。

④ 完成设置后的"分组、排序和汇总"窗格如图 1-109 所示。

图 1-108　初始状态的"分组、
排序和汇总"窗格

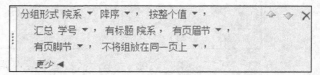

图 1-109　完成设置后的"分组、
排序和汇总"窗格

（3）关闭"分组、排序和汇总"窗格返回"设计"视图，可见其中添加了"院系页眉"

节和"院系页脚"节，即添加了一个组对象。

（4）在组页脚中添加文本框，控件来源属性为"=Count（[学号]）"，文本框附加标签显示"院系人数"，设计视图如图 1-110 所示，"预览"视图如图 1-111 所示。

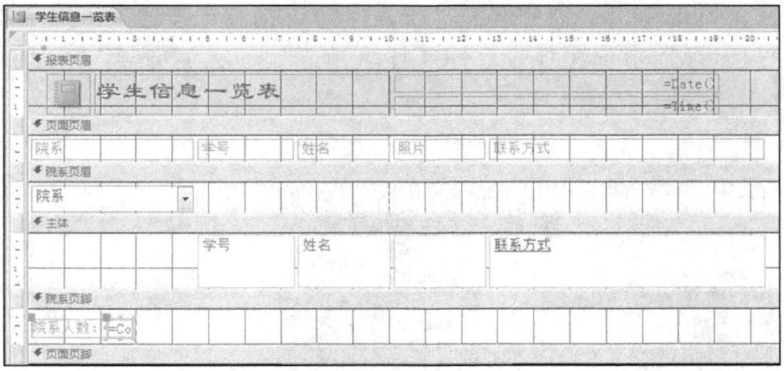

图 1-110 "学生信息一览表"报表"设计"视图

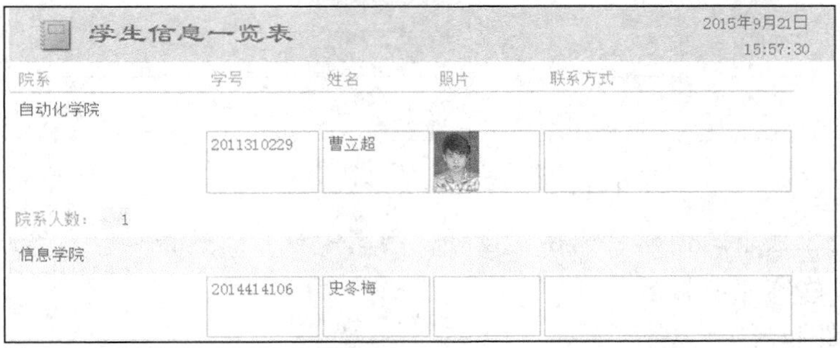

图 1-111 "学生信息一览表"报表"预览"视图

实验 16 报表设计（二）

【实验目的】

1. 掌握用"标签向导"方法创建报表。
2. 掌握创建主子报表。

【实验内容】

【任务 1】使用标签向导，建立一个"比赛登记卡"标签，如图 1-112 所示。

图 1-112 "比赛登记卡"标签报表

操作步骤：

（1）利用标签向导创建标签报表，数据源为单一数据表："比赛类别"表。

① 在导航窗格中选中"比赛类别"表作为数据来源。

② 在数据库窗口中单击"创建"→"报表"→"标签"按钮，弹出"标签向导"对话框，根据向导的引导逐步创建报表。图 1-113 所示是"标签向导"对话框（三）的用户设置。

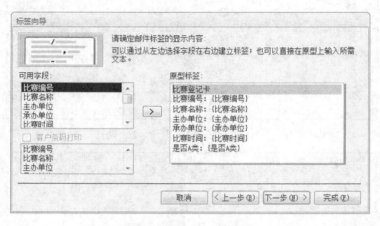

图 1-113 "标签向导"对话框（三）

跟随向导完成报表的创建后，在"设计"视图中打开所建报表。

（2）进一步修饰完善报表：

① 调整控件布局。

② 在主体节中添加一个矩形框，设置其"背景样式"属性为"透明"，"边框样式"属性为"实线"，"边框宽度"为"2pt"，作为每张登记卡片的边框线。

③ 完成后的报表"设计"视图如图 1-114 所示。

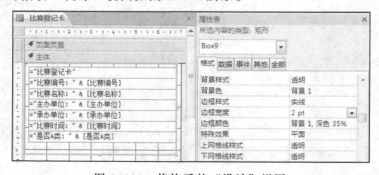

图 1-114 修饰后的"设计"视图

【**任务 2**】建立一个"学生参赛"报表，显示每个学生的参加比赛情况，要求使用主/子报表实现。

操作步骤：

（1）利用向导创建主报表，包含学号、姓名、院系及照片，调整控件布局如图 1-115 所示。

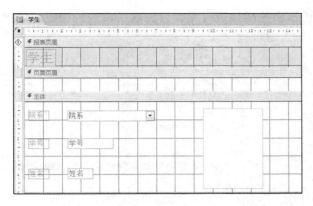

图 1-115　主报表的"设计"视图

（2）创建子报表，包含学号、比赛编号、获奖级别和积分，并按学号分组。在"设计"视图中打开并调整：删除报表页眉、页面页脚、学号标签及文本框，将比赛编号、获奖级别、积分标签从页面页眉移动到学号页眉，如图 1-116 所示。

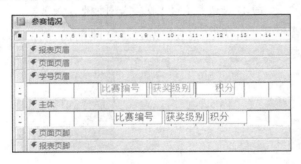

图 1-116　子报表的"设计"视图

（3）在"设计"视图中打开所建主报表，将子报表链接到主报表。

① 确保已选择了工具箱中的"控件向导"工具。

② 单击工具箱中的"子窗体/子报表"工具按钮 。

③ 在主报表主体节上单击需要放置子报表的位置，打开"子报表向导"对话框（一），设置如图 1-117 所示。

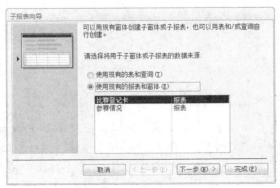

图 1-117　"子报表向导"对话框（一）

④ 按照向导对话框中的指导进行操作，完成子报表的创建。如图 1–118 所示是"子报表向导"对话框（二）的设置。

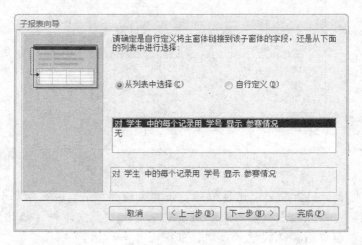

图 1–118 "子报表向导"对话框（二）

（4）在"打印预览"视图中打开报表，如图 1–119 所示。

图 1–119 主/子报表的"打印预览"视图

实验 17 宏

【实验目的】

    1. 掌握宏的设计方法。

    2. 掌握宏的使用。

【实验内容】

【任务 1】设计一个"form_按学号查找"窗体，在文本框中输入学号后，单击"查找"按钮即可显示该学生的所有参赛记录；如果"学号"文本框中没有输入书号，则单击"查找"按钮时显示一个消息框，提示输入学号。用宏完成"查找"按钮的操作。

操作步骤：

（1）在"设计"视图中创建窗体，保存窗体为"form_按学号查找"。

在窗体中设置一个名称为"txt_num"的未绑定文本框、一个标签和一个未绑定的命令按钮，如图 1-120 所示。

图 1-120 窗体"设计"视图

（2）利用查询向导创建一个查询，数据源来自"学生""参赛情况"和"比赛类别"表，保存为"query_参赛查询"。

设置查询条件。在设计网格"学号"列的"条件"单元格中，输入查询条件：[Forms]![form_按学号查找]![txt_num]，如图 1-121 所示。

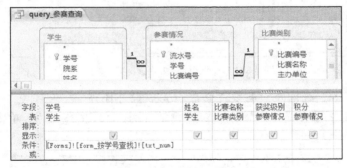

图 1-121 查询"设计"视图

（3）创建宏，保存为"学号查找宏"。

在"设计"视图中打开宏，然后设置如图 1-122 所示，详细设置参见表 1-7。

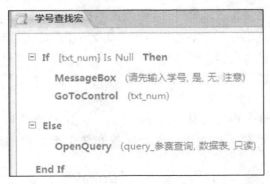

图 1-122 宏"设计"视图

表 1-7 "学号查找宏"参数设置

条件	操作	操作参数名称	操作参数	操作说明
[txt_num]IsNull（未输入学号）	MessageBox	消息	"请先输入学号"	若未输入学号，则弹出信息提示框，且光标仍停留在文本框中
	GoToControl	控件名称	[txt_num]	
	StopMacro			
（已输入学号）	OpenQuery	查询名称	query_参赛查询	按给定学号执行查询
		数据模式	只读	查询结果不能编辑

（4）将宏连接到命令按钮上。

① 在"form_按学号查找"窗体的"设计"视图中选中"查找"按钮。

② 打开命令按钮"属性"窗口。

③ 选择"事件"选项卡，在"单击"属性框的下拉列表中选择"学号查找宏"选项，如图 1-123 所示。

图 1-123 命令按钮"属性"窗口

（5）保存对窗体、查询及宏的设置修改，完成设计任务。

启动"form_按学号查找"窗体，输入查找学号为"2012625101"，单击"查找"按钮，结果如图 1-124 所示。

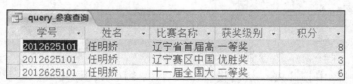

图 1-124 查询结果

【任务 2】设计一个"form_比赛查找"窗体，从文本框中输入一个比赛编号（或比赛编号的前几位）后，单击"查找"按钮，可以打开一个"form_比赛显示"窗体显示与该比赛编号对应的比赛信息。单击"取消"按钮可以关闭窗体。用宏组完成"查询"和"取消"按钮的操作。

操作步骤：

（1）在"设计"视图中创建窗体，命名为"form_比赛查找"。在窗体中设置一个名称为"txt_gamenum"的未绑定文本框、一个标签和两个未绑定的命令按钮，如图 1-125 所示。

（2）利用查询向导创建一个查询，数据源来自"比赛类别"表，保存为"query_比赛信息查询"。

设置查询条件。在设计网格"比赛编号"列的"条件"单元格中，输入以下查询条件：Like[Forms]![form_比赛查找]![txt_gamenum]&"*"，查询"设计"视图如图1-126所示。

图1-125 "form_比赛查找"窗体设计视图

图1-126 查询"设计"视图

（3）利用窗体向导创建窗体，数据源为查询对象"query_比赛信息查询"，在"设计"视图中打开窗体如图1-127所示，保存窗体为"form_比赛显示"。

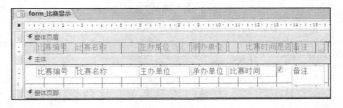

图1-127 "form_比赛显示"窗体"设计"视图

（4）创建两个宏："查找"宏和"取消"宏。

单击"创建"→"宏与代码"→"宏"按钮，打开宏设计窗口，设置如图1-128，图1-129所示。其中"查找"宏的详细设置参见表1-8。

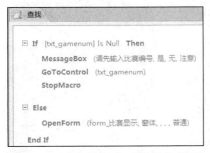

图1-128 "查找"宏"设计"视图　　　　图1-129 "取消"宏"设计"视图

表 1-8　"查找"宏的参数设置

条　件	操　作	操作参数名称	操作参数	操作说明
[txt_gamenum]IsNull（未输入比赛编号）	MessageBox	消息	"请先输入比赛编号"	若未输入编号，则弹出信息提示框，且光标仍停留在文本框中
	GoToControl	控件名称	[txt_gamenum]	
	StopMacro			
（已输入比赛编号）	OpenForm	窗体名称	form_比赛显示	通过打开"form_比赛显示"窗体执行查询

（5）将宏连接到命令按钮上。将"form_比赛查找"窗体中"查找"按钮与"查找"宏链接，将"取消"按钮与"取消"宏链接。

（6）保存对窗体、查询及宏的设置修改，完成设计任务。

启动"form_比赛查找"窗体，输入书号为"s2013"，单击"查找"按钮，结果如图 1-130 所示。

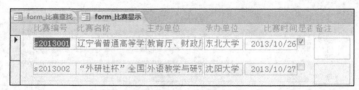

图 1-130　查询结果

实验 18　VBA 编程基础

【实验目的】

1. 熟悉模块对象的基本操作。
2. 熟悉 VBA 集成开发环境。
3. 掌握 VBA 基本的数据类型、变量、常量和表达式的使用方法。
4. 掌握基本的数据输入输出方法。
5. 了解常用内部函数的使用方法。

【实验内容】

【任务 1】在立即窗口中输入命令，并完成下面各题。

（1）填写命令的结果

? 7\2　　　　　　　　　　　　结果为＿＿＿＿＿＿＿＿
? 7 mod 2　　　　　　　　　　结果为＿＿＿＿＿＿＿＿
? 5/2<=10　　　　　　　　　　结果为＿＿＿＿＿＿＿＿
? #2012-03-05#　　　　　　　结果为＿＿＿＿＿＿＿＿
? "VBA"&"程序设计基础"　　　结果为＿＿＿＿＿＿＿＿
? "Access"+"数据库"　　　　　结果为＿＿＿＿＿＿＿＿
? "x+y="&3+4　　　　　　　　 结果为＿＿＿＿＿＿＿＿

a1 = #2009-08-01#

```
a2=a1+35
? a2                                      结果为_____
? a1-4                                    结果为_____
```

（2）数值处理函数

给出表 1-9 所列常用数值处理函数的计算结果。

表 1-9　数值处理函数计算结果

在立即窗口中输入命令	结　　果	功　　能
? int(-3.25)		
? sqr(9)		
? sgn(-5)		
? fix(15.235)		
? round(15.3451,2)		
? abs(-5)		

（3）常用字符函数

给出表 1-10 所列常用字符函数的计算结果。

表 1-10　常用字符函数计算结果

在立即窗口中输入命令	结　　果	功　　能
? InStr("ABCD","CD")		
c="Beijing University"		
? Mid(c,4,3)		
? Left(c,7)		
? Right(c,10)		
? Len(c)		
d=" BA "		
? "V"+Trim(d)+"程序"		
? "V"+Ltrim(d)+"程序"		
? "V"+Rtrim(d)+"程序"		
? "1"+Space(4)+"2"		

（4）日期与时间函数

给出表 1-11 所列常用日期与时间函数的计算结果。

表 1-11　常用日期与时间函数计算结果

在立即窗口中输入命令	结　　果	功　　能
? Date()		
? Time()		
? Year(Date())		

（5）类型转换函数

给出表 1-12 所列常用类型转换函数的计算结果。

表 1-12 类型转换函数计算结果

在立即窗口中输入命令	结　果	功　能
? Asc("BC")		
? Chr(67)		
? Str(100101)		
? Val("2010.6")		

【任务 2】编写第一个 VBA 程序：显示"Hello VBA!"。

操作步骤：

（1）打开"学生参赛管理"数据库，单击"创建"→"宏与代码"→"模块"按钮 🧩，单击"新建"按钮，进入到 VBA 开发环境（VBE），如图 1-131 所示，从左边的"工程管理器"中可以看到新加入的"模块 1"，右边窗口是模块 1 的"代码窗口"。

图 1-131 VBE 环境

（2）选择"插入/过程"菜单命令，弹出"添加过程"对话框，在其中输入过程名称为"Proc_sayhello"，选择类型为"子程序"，范围为"私有的"，如图 1-132 所示。

（3）单击"确定"按钮关闭对话框，系统自动在代码窗口添加过程的代码框架，在其中输入"MsgBox"Hello VBA!""语句，如图 1-133 所示。

图 1-132 "添加过程"对话框

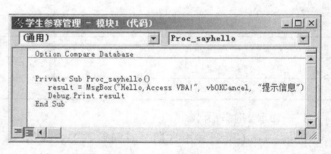

图 1-133 代码窗口

（4）单击工具栏上的"运行"按钮 ▶，或选择"运行|运行子过程/用户窗体"菜单命令，弹出消息对话框窗口，如图 1-134 所示。

（5）选择"文件|保存"菜单命令，将所建模块命名为"M1801"后保存，如图 1-135 所示。

保存以后的模块会出现在数据库窗口"导航窗格"的"模块"对象栏中，在此选中已有模块对象，再单击右键快捷菜单中的"设计视图"菜单命令，可直接进入 VBE 中该模块的代码窗口。

图 1-134 运行结果　　　　　　　　　　图 1-135 保存模块

（6）选择"视图"→"立即窗口"菜单命令，打开立即窗口，并在立即窗口中输入：call Proc_sayhello（），按【Enter】键，查看运行结果。

（7）修改 Proc_sayhello（）过程的作用范围"全局"，将关键字 Private 更改成 Public，如图 1-136 所示。再执行步骤（6），查看运行结果。

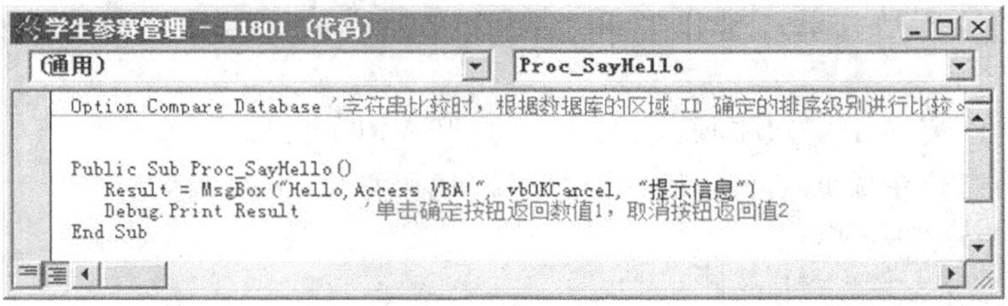

图 1-136 修改过程的作用范围为"全局"

【任务 3】新建模块 M1802，并在模块 M1802 中插入过程 Proc_SayHelloToYou，结果如图 1-137 所示，调试并运行代码。

图 1-137 代码窗口

实验 19 选 择 结 构

【实验目的】

1. 掌握并能灵活运用 IF 语句的多种格式和使用方法。

2. 掌握 Select Case 语句格式和使用方法。

3. 掌握条件表达式的正确书写形式。

【实验内容】

【任务 1】设计程序，输入圆的半径，显示圆的面积。

操作步骤：

（1）在数据库窗口中，选择"模块"对象，单击"新建"按钮，打开 VBE 窗口。

（2）在代码窗口中输入"Area"子过程，过程 Area 代码如下：

```
Sub Area()
  Dim r As Single
  Dim s As Single
  r = InputBox("请输入圆的半径:","输入")
  s = 3.14 * r * r
  MsgBox "半径为: " + Str(r) + "时的圆面积是: " + Str(s)
End Sub
```

（3）运行过程 Area，在输入框中，如果输入半径为 1，则输出的结果为_____。

（4）单击工具栏中的"保存"按钮，输入模块名称为"M19"，保存模块。

【任务 2】在 M19 模块中，新建一个 Pro_IF 过程，功能：从键盘上输入一个数 X，如 $X \geq 0$，输出它的算术平方根；如果 $X < 0$，输出它的平方值。

操作步骤：

（1）在数据库窗口中，双击模块"M2"，打开 VBE 窗口。

（2）在代码窗口中添加"Pro_IF"子过程，代码如下：

```
Public Sub Pro_IF()
    Dim x As Single
    X=0
    x = InputBox("请输入 X 的值", "输入一个数", 0)
    If x >= 0 Then
        y = Sqr(x)
    Else
        y = x * x
    End If
    MsgBox "x=" + Str(x) + "时  y=" + Str(y)
End Sub
```

（3）运行 Pro_IF 过程，输入数值：5，结果为_____。

（4）单击工具栏中的"保存"按钮，保存模块 M19。

【任务 3】在 M19 模块中，新建一个 Pro_Score 过程，功能：完成从键盘上输入成绩数值 $X(0 \sim 100)$，如果 $X \geq 85$ 且 $X \leq 100$ 输出"优秀"，$X \geq 70$ 且 $X < 85$ 输出"通过"，$X \geq 60$ 且 $X < 70$ 输出"及格"，$X < 60$ 输出"不及格"。（代码也可以用 Choose（ ）函数或 Select 语句完成）

操作步骤：

双击模块"M19"，进入 VBE，添加子过程"Pro_Score"代码如下：

```
Public Sub Pro_Score()
    Cj = InputBox("请输入成绩 0~100")
    If Cj >= 85 And Cj <= 100 Then
      result = "成绩优秀"
    ElseIf Cj >= 70 And Cj < 85 Then
      result = "成绩通过"
    ElseIf Cj >= 60 And Cj < 70 Then
      result = "成绩及格"
    Else
      result = "成绩不及格或非法成绩数据!"
    End If
  MsgBox result
End Sub
```

反复运行过程 Pro_Score，输入各个分数段的值，查看运行结果，如果输入的值为 85，则输出结果是_____。

【任务 4】在 M19 模块中，新建一个 Pro_Str 过程，功能：从键盘上输入一个字符，判断输入的是大写字母，小写字母、数字还是其他特殊字符。

操作步骤：

双击模块"M2"，进入 VBE 窗口，添加子过程"Pro_Str"，代码如下：

```
Public Sub Pro_Str()
        Dim x As String
        Dim Result As String
        x = InputBox("请输入一个字符")
        Select Case Asc(x)
            Case 97 To 122
                    Result = "小写字母"
            Case 65 To 90
                    Result = "大写字母"
            Case 48 To 57
                    Result = "数字"
            Case Else
                    Result = "其他特殊字符"
        End Select
        MsgBox Result
End Sub
```

反复运行过程 Pro_Str，分别输入大写字母、小写字母、数字和其他符号，查看运行结果。如果输入的是"A"，则运行结果为_____。如果输入的是"!"，则运行结果为_____。

【任务 5】编写一个程序，要求随机产生 1～10 之间的整数和四则运算符，由学生输入答案，程序判断对错，并可进行统计。

解题分析：

（1）产生[a,b]之间的随机整数的公式为 Int（(b-a+1*Rnd+a，因此 Int（10*Rnd）+1 可以产生 1～10 之间的整数。

（2）设 1,2,3,4 分别代表 +，-，×，÷符号。利用 Int(4*Rnd)+1 产生 1～4 之间的一个整数，再用 Choose（）函数将这个数对应成 +，-，×，÷。

图 1-138　窗体界面

操作步骤：

（1）窗体界面设计如图 1-138 所示，各对象属性设置如表 1-13 所示。

（2）切换至窗体的"设计"视图，单击 Access 窗口"窗体设计工具/设计"→"工具"→"Visual Basic"按钮，切换到 VBE 窗口。

表 1-13　窗体及各控件属性设置

控件＼属性	名称	标题	控件来源	功能说明
窗体控件	Form	算术	—	
标签控件	lblTest	—		运行时显示产生的算术题
文本框控件	txtAns	—	空（非绑定）	接受用户输入的答案

续表

控件　　属性	名称	标题	控件来源	功能说明
	cmdOver	提交	—	评判并统计
命令按钮控件	cmdNext	下一题	—	产生题目并计算标准答案
	cmdCount	统计	—	显示统计结果

（3）在代码窗口的编辑区域输入代码：

```
Dim Sum As Integer          '存放正确答案
Dim Ok As Integer           '统计用户正确次数
Dim Error As Integer        '统计用户错误次数
```

注意：上述变量是窗体模块级变量，其声明语句不能放在任何过程中，只能放在窗体文件的"通用声明"中，如图 1-139 所示。

（4）从代码窗口左边的对象下拉列表中选择窗体对象"Form"，代码编辑区域中自动添加 Form_Load 事件的框架，如图 1-139 所示。编写 Form_Load 事件代码如下：

图 1-139 "通用声明"中的变量声明

```
Private Sub Form_Load()
        Rem 1.产生运算式并显示在标签控件上
        Rem 2.计算出结果并保存在 Sum 变量中
        Dim X As Integer, Y As Integer
        Dim i As Integer
        Dim op As String * 1
        Randomize                                    '设置随机函数种子
        X = Int(10 * Rnd) + 1
        Y = Int(10 * Rnd) + 1
        i = Int(4 * Rnd) + 1
        op = Choose(i, "+", "-", "×", "÷")           '将 i 的值对应转换成运算符
        Lbltest.Caption = X & op & Y & "="           '在标签上显示运算式
        Select Case op                               '根据运算符号计算结果
            Case "+"
                Sum = X + Y
            Case "-"
                Sum = X - Y
            Case "×"
                Sum = X * Y
            Case "÷"
                Sum = X / Y
        End Select
End Sub
```

（5）从代码窗口的对象下拉列表中选择命令按钮，编写各按钮的单击事件过程代码如下：

```
Private Sub cmdCount_Click()              '"统计"命令按钮单击事件过程
        MsgBox "答对" & Ok & "道/共" & (Ok + Error) & "道"
End Sub
```

```
Private Sub cmdNext_Click()              '"下一题"命令按钮单击事件过程
    cmdover.Enabled = True               '使"提交"命令按钮可用
    txtAns.SetFocus                      '将焦点置于文本框后才能处理文本框的值
    txtAns.Text = ""
    Form_Load                            '调用 Form_Load 过程，产生下一题
End Sub

Private Sub cmdOver_Click()              '"提交"命令按钮单击事件过程
    Rem 给出评语,并统计对错次数
    txtAns.SetFocus                      '将焦点置于文本框后才能处理文本框的值
    If Val(txtAns.Text) = Sum Then
        MsgBox "正确"
        Ok = Ok + 1
    Else
        MsgBox "错误"
        Error = Error + 1
    End If
    cmdover.Enabled = False              '使"提交"命令按钮不可用
End Sub
```

（6）调试运行，最后命名窗体为"Form1901",并保存窗体。

实验 20　循环结构及程序控制的综合应用

【实验目的】

1. 掌握 For…Next,Do…Loop,While…Wend 语句格式与使用方法。
2. 掌握循环次数的控制方法。
3. 理解循环嵌套的使用方法。

【实验内容】

【任务 1】新建模块 M20，并插入过程 Pro_Judge，对用户输入的 10 个数分别统计有几个是奇数，有几个是偶数，完善代码并运行。

解题分析：

可以根据下列表达式的成立与否，判断 x 是否为偶数：

```
X mod 2= 0
Int(x/2)= x/2
X/2= x\2
```

可以用 For 循环控制 10 个数的输入，在循环体中进行判断和统计。

操作步骤：

模块"M20"中的过程 Pro_Judge 代码如下：

```
Sub Pro_Judge ( )
    Dim num As Integer
    Dim a As Integer
    Dim b A s Integer
    Dim i As Integer
    For i= 1 To 10
        num = InputBox("请输入数据:","输入",1)
```

```
                    If_____ Then
                        a = a + 1
                    Else
                        b = b + 1
                    End If
            Next i
            MsgBox("运行结果: 奇数个数: " & Str(a) &",偶数个数: " & Str(b))
    End Sub
```

【任务 2】在模块 M20，插入 Pro_Water 过程输出水仙花数。水仙花数是指一个 3 位数，每个位上的数字的立方和等于它本身。（例如：1^3 + 5^3+ 3^3 = 153）要求：分别使用 Do…Loop 循环的当型循环（While）和直到型循环（Until）。

操作步骤：

水仙花数的 VBA 代码如下：

```
Option Compare Database
Sub Pro_Water1()
Dim I As Integer, A As Integer, B As Integer, C As Integer
    For I = 100 To 999
        A = Int(I / 100)
        B = Int(I / 10) Mod 10
        C = I Mod 10
        If I = A ^ 3 + B ^ 3 + C ^ 3 Then Debug.Print I
    Next I
End Sub

Sub Pro_Water2()
    Dim I As Integer, A As Integer, B As Integer, C As Integer
    I = 100
    Do
        A = Int(I / 100)
        B = Int(I / 10) Mod 10
        C = I Mod 10
        If I = A ^ 3 + B ^ 3 + C ^ 3 Then Debug.Print I
        I = I + 1
    Loop While I < 999
End Sub

Sub Pro_Water3()
    Dim I As Integer, A As Integer, B As Integer, C As Integer
    For I = 100 To 999
        A = Val(Mid(Str(I), 2, 1))
        B = Val(Mid(Str(I), 3, 1))
        C = Val(Mid(Str(I), 4, 1))
        If I = A ^ 3 + B ^ 3 + C ^ 3 Then Debug.Print I
    Next I
End Sub

Sub Pro_Water4()
    Dim I As Integer, A As Integer, B As Integer, C As Integer
    I = 100
```

```
        Do
            A = Val(Mid(Str(I), 2, 1))
            B = Val(Mid(Str(I), 3, 1))
            C = Val(Mid(Str(I), 4, 1))
            If I = A ^ 3 + B ^ 3 + C ^ 3 Then Debug.Print I
            I = I + 1
        Loop While I < 999
    End Sub
```

【任务 3】求参赛者的最后得分：某大奖赛有 7 个评委同时为一位选手打分，去掉一个最高分和一个最低分，其余 5 个分数的平均值为该名参赛者的最后得分。

操作步骤：

（1）新建窗体，进入窗体的设计视图。

（2）在窗体的主体节中添加一个命令按钮，在属性窗口中，将命令按钮"名称"属性设置为"CmdScore"，"标题"属性设置为"最后得分"，单击"代码"按钮，进入 VBE 窗口。

（3）输入并补充完整以下事件过程代码：

```
Private Sub CmdScore_Click()
        Dim mark!, aver!, i%, max1!, min1!
        aver = 0
        For i = 1 To 7
            mark = InputBox("请输入第" & i & "位评委的打分")
            If i = 1 Then
                max1 = mark: min1 = mark
            Else
                If mark < min1 Then
                    min1 = mark
                ElseIf mark > max1 Then

                    _____
                End If
            End If

            _____
        Next i
        aver = (aver - max1 - min1) / 5
        MsgBox aver
    End Sub
```

（4）保存窗体，设置窗体名称为"Form2003"，切换至窗体视图，单击"最后得分"按钮，查看程序运行结果。

实验 21　过 程 调 用

【实验目的】

1. 掌握自定义函数过程和子过程的定义和调用方法。

2. 掌握虚参和实参的对应关系。

3. 掌握值传递和地址传递的传递方式。

【实验内容】

一、子过程与函数过程

【任务 1】要求：编写一个求 $n!$ 的子过程 Mysum1，然后调用它计算 $\sum\limits_{n=1}^{10} n!$ 的值。

操作步骤：

（1）新建一个标准模块"M21"，打开 VBE 窗口，输入以下子过程代码：

```
Sub Factor1(nAs Integer, p As Long)
    Dim i As Integer
    p = 1
    For i = 1 To n
    p = p * i
    Next i
End Sub


Sub Mysum1()
    Dim n As Integer, p As Long, s As Long
    For n = 1 To 10
        Call Factor1(n, p)
        s=s+p
    Next n
    Msgbox "结果为: :" & s
End Sub
```

（2）运行过程 Mysum1，显示的运行结果为 _____，保存模块 M21。

【任务 2】要求编写一个求 $n!$ 函数的过程，然后调用它计算 $\sum\limits_{n=1}^{10} n!$ 的值。

操作步骤：

（1）双击标准模块"M21"，打开 VBE 窗口，输入以下代码：

```
Function Factor2(n As Integer)
    Dim i As Integer, p As Long
    p = 1
    For i = 1 To n
        p = p * i
    Next i
    Factor2 = p
End Function
```

新建 Mysum2()过程，代码如下：

```
Sub Mysum2()
    Dim n As Integer, s As Long
    For n = 1 To 10
        s = s + Factor2(n)
    Next n
    MsgBox "结果为: :" & s
End Sub
```

（2）运行过程 Mysum2，理解函数过程与子过程的差别，最后保存模块 M21。

二、过程参数传递、变量的作用域和生存期

【任务 3】阅读并执行下面的程序代码，理解过程中参数传递的方法。

操作步骤：

（1）双击标准模块"M21"，打开 VBE 窗口，输入以下程序代码：

```
Sub Mysum3()
    Dim x As Integer, y As Integer
    x = 10
    y = 20
    Debug.Print "1,x="; x, "y="; y
    Call add(x, y)
    Debug.Print "2,x="; x, "y="; y
End Sub

Private Sub Add(ByVal m, n)
    m = 100
    n = 200
    m = m + n
    n = 2 * n + m
End Sub
```

（2）运行 Mysum3 过程，选择"视图"→"立即窗口"菜单命令，打开立即窗口，查看程序的运行结果。运行结果为＿＿＿＿＿＿＿＿＿＿＿＿＿＿。

【任务 4】阅读并执行下面的程序代码，理解参数传递、变量的作用域与生存期。

操作步骤：

（1）新建窗体，进入窗体的设计视图，在窗体的主体节中添加一个命令按钮，设置命令按钮"名称"属性设置为"Command1"，单击"代码"按钮，进入 VBE 窗口，输入以下代码：

```
Option Compare Database
Dim x As Integer
Private Sub Form_Load()
    x = 3
End Sub

Private Sub Command1_Click()
    Static a As Integer
    Dim b As Integer
    b = x ^ 2
    Fun1 x, b
    MsgBox "x = " & x & "b = " & b
    Fun1 x, b
    MsgBox "x = " & x
End Sub

Sub Fun1(ByRef y As Integer, ByVal z As Integer)
    y = y + z
    z = y - z
End Sub
```

（2）切换至窗体视图，单击命令按钮，观察程序的运行结果，$x=$＿＿＿＿＿＿＿。最后保存窗体，窗体名称为"Form2104"。

第二部分
课程设计指导（供选项目）

一、课程设计性质

"数据库课程设计"是实践性教学环节之一。通过课程设计，掌握数据库的基本概念，结合实际的操作和设计，巩固课堂教学内容，将理论与实际相结合，应用数据库管理系统软件，规范、科学地完成一个小型数据库的设计与实现，将理论课与实验课所学内容相结合，并在此基础上强化学生的实践意识、团队合作意识，提高其实际动手能力和创新能力。

（1）性质：1 学分的考查课，成绩 5 级分制：优、良、中、及格、不及格。

（2）正常教学环节，端正态度，认真对待，提高重视程度，不及格直接与低年级重修，没补考。

（3）要求：遵纪守时、认真设计、提交作品与报告。

（4）学时：集中安排 1 周进行课程设计，28 学时左右。

二、时间安排

（1）查阅资料及系统设计（4 学时）：系统功能设计/数据表结构设计。

（2）程序编制及调试（20 学时）：数据表数据输入/各功能模块设计/总体调试。

（3）成绩评定（2 学时）。

（4）书写报告内容（4 学时）。

- 课程设计题目。
- 功能描述：对系统要实现的功能进行简明扼要的描述。
- 概要设计：根据功能描述，建立系统的体系结构，即将整个系统分解成若干子功能模块，并用框图表示各功能模块之间的衔接关系，并简要说明各模块的功能。
- 详细设计：详细说明各功能模块的实现过程，所用到的主要代码、技巧等。
- 效果及存在问题：说明系统的运行效果（附上运行界面图片）、存在哪些不足以及预期的解决办法。
- 心得体会：谈谈自己在课程设计过程中的心得体会。
- 参考文献：按参考文献规范列出各种参考文献，包括参考书目、论文和网址等。

三、上机要求

（1）严格遵守上机时间，否则按旷课处理。

（2）上机应带教科书和设计练习材料，否则不允许进入机房。

（3）在机房内不许大声喧哗，遵守机房内的学生上机要求。

（4）不准打游戏或从事与设计任务无关的事情。

四、成绩评定

（1）平时表现（20%）：出席率、纪律等考查点。

（2）程序设计（30%）：

① 人员分组→选题。

② 填写选题登记表，课代表负责提交班级选题登记表电子版。

③ 分析题目：系统的数据库设计、功能分解，画出框图。

④ 划分设计任务。

⑤ 具体设计；

⑥ 小组调试应用程序；

（3）书写并打印报告（30%）：

① 按照模板书写 Word 文档，B5 黑白纸打印。

② 打印上交一份/人。

③ 报告各部分内容严禁抄袭，否则返工重做。

（4）评定成绩标准：

① 根据课程设计表现、成绩测验、课程设计报告等进行综合评定。

② 评定等级：不及格、及格各 15%，中、良好、优秀各 15%。

③ 未完成设计任务、没达到设计要求或抄袭他人的，成绩为"不及格"。

④ 基本完成设计任务，并撰写出设计报告，成绩为"及格"。

⑤ 能够认真查阅资料，独立完成设计任务，程序调试通过，并较好地撰写出设计报告，成绩为"中"。

⑥ 能够认真查阅资料，独立完成设计任务，程序调试通过，功能完善，操作灵活，界面美观，并认真地撰写出设计报告，成绩为"良好"。

⑦ 能根据自身的实际能力，在实现课程设计题目的基本要求基础上增加一些功能，评定成绩时根据其难度和完成情况给予适当加分，如：界面效果；操作的灵活性、方便性；功能全面性等。如果设计非常完善，则成绩为"优秀"。

五、注意问题

（1）设计成果保存：U 盘保存；

（2）问题列表：你所遇到的错误？原因及解决办法？

（3）帮助文件的使用：学会使用帮助文档，来解决所遇到的问题。

六、课程设计作品的总体要求

（1）建立一个关系型数据库文件，根据题目自行设计至少 3 个数据表，表中有照片字段，并建立关系和参照完整性。要求能够有效地存储系统所需的数据，数据冗余度小，建立表之间的关系。

（2）对数据库中的一个或多个表中的数据进行查找、统计和加工等操作。

（3）使用窗体和各种控件方便而直观地查看、输入或更改数据库中的数据。

（4）实现将数据库中的各种信息（包括汇总和统计信息）按要求的格式和内容打印出来，方便用户的分析和查阅。

（5）界面友好、美观，系统便于维护。

（6）系统调用过程：密码验证窗体（弹出式、模态）→主控窗体（弹出式、非模态）→宏→其他窗体、查询和报表（弹出式、非模态）。

（7）数据库对象的数量要求

① 表：至少 3 个表；

② 查询：至少 3 个查询；

③ 报表：至少 1 个报表和 1 个标签来实现打印功能；

④ 窗体：至少 3 个窗体，不包括密码验证窗体；

⑤ 宏：至少 3 个宏。

七、课程设计的供选题目

供选题目 1　学生信息管理系统

1．系统功能分析

本系统主要用于学校学生信息管理，主要任务是用计算机对学生的各种信息进行日常管理，如查询、修改、增加、删除，另外还考虑学生选课，针对这些要求，设计了本学生信息管理系统。

该系统主要包括学生信息查询、教务信息维护和学生选课 3 部分。

"学生信息查询"主要是按指定系检索该系的学生信息，其中包括所有的学生记录。

"教务信息维护"主要是维护学生、系、课程和学生选课及成绩等方面的基本信息。包括增、删、改等功能。

以上两项功能主要为教务员使用，使用时要核对用户名和口令。

"学生选课"是为学生提供选课界面。该界面要列出所有课程信息供学生查询和选课。学生进入该界面前要输入自己正确的信息。该界面核对学号和姓名后显示该学生所得学分，同时显示出该学生的选课表，课表反映该学生选课情况。学生选课受一些条件的约束，如课程名额限制等。该界面允许学生选课和退课。

2．功能模块设计

（1）主界面模块

该模块提供教务管理系统的主界面，是主系统的唯一入口和出口。该界面提供用户选择并调用各子模块，对于进入教务员管理功能还要核对用户名和口令。

（2）查询模块

该模块提供学生信息界面，用户可以选择一个系，该模块查询并显示该系信息和该系的学生信息。

（3）数据维护模块

该模块允许用户选择一个维护对象（如课程），然后进行维护工作（增、删、改），该界面还提供一般的信息浏览。

（4）学生选课模块

该模块提供选课界面，每个学生进入该界面后，先输入自己的学号和姓名，该模块检查其合法性，如果正确，显示该学生的新选课表等有关信息。该界面允许学生查询课程，并进行选课、退课等操作。该模块对选课过程进行了一系列必要的检查，如出现课程已选、没有名额等情况时，都会给出出错信息。

3．数据库设计

系（系号、系名、电话）

学生（学号、姓名、性别、年龄、系号）

课程（课程号、课程名、学分、上课时间、名额）

选课（学号、课程号、成绩）

教务员（注册名、口令）

在上面的实体以及实体之间相互关系的基础上，形成数据库中的表格以及各个表格之间的关系。

供选题目2　企业人事管理系统

1. 系统功能分析

（1）密码设置：每个操作员均有自己的密码，可以防止非本系统人员进入本系统，又因每个人的权限不一致，故可以防止越权操作。

（2）权限设置：设置每个人的权限，使个人有个人的操作范围，不能超出自己的操作范围。一般只有负责人可以进行权限设置。

（3）初始化：将计算机中保留的上一次操作后的结果清除。以备重新查询、更新、统计、输出等功能的执行。

（4）档案更新：为了存放职工人事档案的全部数据，本系统将每一名职工的档案分为人事卡片、家庭成员和社会关系，并分别存放。档案更新包括对各种表的记录修改、删除、增加等操作。

（5）档案查询：可以按姓名、部门或任意条件查询个人和一部分人的情况。

（6）档案统计：包括统计文化程度、技术职务、政治面貌、年龄、工资等。

（7）档案输出：可以输出个人档案、全体档案、人事卡片、单位名册、团员名次到屏幕或打印机上。

（8）其他操作：包括修改密码、设置权限等。

（9）退出：可以存盘退出或直接退出。

2. 数据库设计

（1）人事卡片（员工卡号、所属部门、姓名、性别、现任职务、出生年月、民族、籍贯、政治面貌、职称、文化程度、健康状况、家庭出身、本人成分、婚姻状况、参加工作时间、进单位时间、工资、各种补贴、家庭住址、年龄、备注、部门编号）；

（2）家庭成员（员工卡号、部门、姓名、成员姓名、与本人关系、出生年月、婚姻状况、文化程度、政治面貌、工作单位、职务工种、工资、经济来源）；

（3）社会关系（员工卡号、部门、姓名、关系姓名、与本人关系、政治面貌、工作单位、职务工种、备注）；

（4）用户密码校验表（用户名、用户密码、权限等级）。

供选题目3　医院管理系统

1. 系统功能分析

（1）员工各种信息的输入，包括员工基本信息、职称、岗位。

（2）员工各种信息的查询、修改，包括员工基本信息、职称、岗位、工资等。

（3）员工的人事调动管理。

（4）病人信息的管理。

（5）病院病床的管理。

（6）药剂资源管理。

（7）仪器资源管理。

（8）系统用户管理权限管理。

2. 数据库设计

（1）员工基本状况包括的数据项有员工号、员工姓名、性别、所在部门、身份证号、生日、籍贯、国籍、民族、婚姻状况、健康状况、参加工作时间、员工状态、家庭住址、联系电话等。

（2）员工工资状况包括的数据项有员工号、工资项别、工资金额等。

（3）医院工作岗位信息包括有工作岗位代号、工作岗位名称等。

（4）医院部门信息包括部门代号、病人性别、入院时间、病人所属科室、药剂库存数量、备注等。

（5）病人信息包括病人姓名、病人性别、入院时间、病人所属科室、病人状况、病人主治医生、房间号、病床号等。

（6）药剂资源管理信息包括药剂代号、药剂名称、药剂价格、药剂库存量、备注等。

（7）医疗仪器管理包括仪器代号、仪器名称、仪器价格、仪器数量、备注等。

供选题目 4　仓库管理系统

1. 系统功能分析

（1）仓库管理各种信息的输入，包括入库、出库、还库、需求信息的输入等。

（2）仓库管理各种信息的查询、修改和维护。

（3）设备采购报表的生成。

（4）在库存管理中加入最高储备和最低储备字段，对仓库中的物资设备实现监控和报警。

（5）企业各个部门的物资需求的管理。

（6）操作日志的管理。

2. 数据库设计

（1）设备代码信息：包括设备号、设备名称。

（2）现有库存信息：包括设备号、现有数目、总数目、最大库存、最小库存等。

（3）设备入库信息：包括设备号、入库时间、供应商、供应商电话、入库数量、价格、采购员等。

（4）设备出库信息：包括设备号、使用部门、出库时间、出库状况、经手人、出库数量、领取人、用途等。

（5）设备采购信息：包括采购的设备号、采购员、供应商、现在库存、总库存、最大库存、采购数目、价格、计划采购时间等。

（6）设备归还信息：包括归还设备号、归还部门、归还数目、归还时间、经手人等。

（7）设备需求信息：包括需求部门名称、需求设备号、需求数目、需求开始、需求结束时间等。

（8）日志信息：包括操作员、操作时间、操作内容等。

供选题目 5　企业工资管理系统

1. 系统功能分析

（1）系统数据初始化。

（2）员工基本信息数据的输入。

（3）员工基本信息数据的修改、删除。

（4）企业工资的基本设定。

（5）员工个人工资表的查询。

（6）员工工资的计算。

（7）工资报表打印。

2. 数据库设计

（1）员工基本状况。包括员工号、员工姓名、性别、所在部门、身份证号、生日、籍贯、国籍、民族、婚姻状况、健康状况、参加工作时间、员工状态、状态时间、家庭住址、联系电话等。因为本例只涉及工资管理，故为了说明简单，只包含与员工的工资相关的资料，如入厂时间、所在部门、岗位、工资级别等。

（2）工资级别和工资金额。包括工资等级、工资额。

（3）企业部门及工作岗位信息。包括部门名称、工作岗位名称、工作岗位工资等。

（4）工龄的工资金额。包括工龄及对应工资额。

（5）公司福利表。包含福利名称、福利值。

（6）工资信息。包含员工号、员工姓名、员工基础工资、员工岗位工资、员工工龄工资、员工福利、员工实利工资。

供选题目 6　图书馆管理系统

1. 系统功能分析

（1）有关读者种类标准的制订、种类信息的输入，包括种类编号、种类名称、借书数量、借书期限、有效期限、备注等。

（2）读者种类信息的修改、查询等。

（3）读者基本信息的输入，包括读者编号、读者姓名、读者种类、读者性别、工作单位、家庭住址、电话号码、电子邮件地址、办证日期、备注等。

（4）记者基本信息的查询、修改，包括读者编号、读者姓名、读者种类、读者性别、工作单位、家庭住址、电话号码、电子邮件地址、办证日期、备注等。

（5）书籍类别标准的制订、类别信息的输入，包括类别编号、类别名称、关键词、备注等。

（6）籍类别信息的查询、修改，包括类别编号、类别名称、关键词、备注等。

（7）书籍信息的输入，包括书籍编号、书籍名称、书籍类别、作者姓名、出版社名称、出版日期、书籍页数、关键词、登记日期、备注等。

（8）书籍信息的查询、修改，包括书籍编号、书籍名称、书籍类别、作者姓名、出版社名称、出版日期、书籍页数、关键词、登记日期、备注等。

（9）借书信息的输入，包括借书信息编号、读者编号、读者姓名、书籍编号、书籍名称、借书日期、备注等。

（10）借书信息的查询、修改，包括借书信息编号、读者编号、读者姓名、书籍编号、书籍名称、借书日期、备注等。

（11）还书信息的输入，包括还书信息编号、读者编号、读者姓名、书籍编号、书籍名称、借书日期、还书日期、备注等。

（12）还书信息的查询、修改，包括还书信息编号、读者编号、读者姓名、书籍编号、书籍名称、借书日期、还书日期、备注等。

2．数据库设计

（1）读者种类信息，包括种类编号、种类名称、借书数量、借书期限、有效期限、备注等。

（2）读者信息，包括读者编号、读者姓名、读者种类、读者性别、工作单位、家庭住址、电话号码、电子邮件地址、办证日期、备注等。

（3）书籍类别信息，包括类别编号、类别名称、关键词、备注等。

（4）书籍信息，包括书籍编号、书籍名称、书籍类别、作者姓名、出版社名称、出版日期、书籍页数、关键词、登记日期、备注等。

（5）借阅信息，包括借阅人信息编号、读者编号、读者姓名、书籍编号、书籍名称、借书日期、还书日期、备注等。

供选题目 7　员工培训管理系统

1．系统功能分析

（1）员工各种信息的输入，包括员工基本信息、职称、岗位、已经培训过的课程和成绩、培训计划等。

（2）员工各种信息的查询、修改，包括员工基本信息、职称、岗位、已经培训过的课程和成绩、培训计划等。

（3）培训课程信息的输入，包括课时、课程种类等。

（4）培训课程信息的查询、修改。

（5）企业所有员工培训需求的管理。

（6）企业培训计划的制订、修改。

（7）培训课程的评价。

（8）培训管理系统的使用帮助。

（9）教师信息的管理、教师评价。

（10）培训资源管理。

（11）培训教材管理。

（12）员工外出培训管理。

（13）系统用户管理、权限管理。

2．数据库设计

（1）员工基本状况，包括员工号、员工姓名、性别、所在部门、身份证号、生日、籍贯、国籍、民族、婚姻状况、健康状况、参加工作时间、员工状况、家庭住址、联系电话、联系 EMAIL 地址等。

（2）员工成绩状况，包括员工号、课程名称、时间、地点、授课教师、成绩、评价、是否通过等。

（3）课程信息，包括课程号、课程类别、课程名、课程学时、等效课程、预修课程、开课部门、初训/复训等。

（4）企业工作岗位信息，包括工作岗位代号、工作岗位名称、工作岗位权力范围等。

（5）企业部门信息，包括部门代号、部门名称、部门经理、部门副经理等。

（6）培训需求信息，包括所需培训的课程、要求培训的员工。

（7）企业培训计划信息，包括培训的课程、培训开始时间、结束时间、培训教员、上课时间、上课地点等。

（8）个人培训计划信息，包括培训员工、培训课程、培训开始时间、培训结束时间等。

（9）课程评价信息，包括课程名、评价内容、评价时间等。

（10）教员信息，包括教员号、教员姓名、教员学历、开始教课时间、教员评价等。

（11）培训资源管理信息，包括资源代号、资源名称、资源状态标记、资源价格、资源数量、备注等。

（12）培训教材管理，包括教材编号、教材名称、作者、教材状态、相应课程编号、教材数量、价格等。

（13）系统的用户口令表，包括用户名、口令、权限等

供选题目 8　财务管理系统

1．系统功能分析

（1）日记账的输入、查询和修改；

（2）构造分类账目，实现从日记账到分类账的转录，以及分类账的查询；

（3）在会计期末进行结算，完成会计循环；

（4）制作常任财务报表，包括资产负债表和损益表（利润表）；

（5）进行试算，检查账目的平衡；

（6）报告公司的财务指标，如资产负债率等。

2．数据库设计

（1）日记账：自动序号、账户编号、会计科目、明细账、业务发生日期、借、贷、摘要和是否过账。

（2）账目：账户序号、账户编号、账户一级类型、二级类型、会计科目、明细账、是否抵减科目、借方余额、贷方余额和建立日期。

（3）分类账：账户编号、业务发生日期、日记账编号、借、贷、余额和摘要。

（4）系统常量：名称、数值、备注。

财务报表（资产负债表、损益表等）可由分类账目在查询时动态生成，因此不必要在数据库中保存。

供选题目 9　人事管理系统

1．系统功能分析

（1）新员工资料的输入。

（2）自动分配员工号，并且设置初始的用户密码。

（3）员工信息的查询和修改，包括员工个人信息和密码等。

2．数据库设计

（1）员工信息，包括员工号、密码、权限、姓名、生日、部门、职务、教育程度、专业、通信地址、电话、E-mail、当前状态以及其他。

（2）人事变动，包括记录号、员工号、变更代码、变更时间、描述等。

（3）部门设置，包括存放部门编号、名称、经理、部门简介等。

供选题目 10　考勤管理系统

1．系统功能分析

（1）上下班时间的设定。

（2）员工出入单位的情况记录。出入情况主要由考勤机来记录，但是需要设置人工添加的功能，以备特殊情况的处理。

（3）请假、加班和出差情况的记录。

（4）每个月底进行整个月的出勤情况统计。

2．数据库分析

（1）出勤记录：记录号、员工、出入情况、出入时间。

（2）请假记录：记录呈、员工、请假起始时间、假期结束时间、请假原因。

（3）加班记录：记录号、员工、加班时间长度、日期。

（4）出差记录：记录号、员工、出差起始时间、出差结束时间、具体描述。

（5）月度考勤统计：记录号、员工、年月、累计正常工作时间、累计请假时间、累计加班时间、累计出差时间、迟到次数、早退次数、旷工次数。

所需的外部数据支持：

（1）人员信息：员工号、密码、权限、姓名、部门、当前状态等。

（2）部门设置：部门编号、名称等。

供选题目 11　工资管理系统

1．系统功能分析

（1）员工基本工资的设定。

（2）奖金以及福利补贴的设定。

（3）实发工资计算公式的调整。

（4）根据出勤统计结果计算本月各项实际金额。

2．数据库设计

（1）员工工资设置：员工编号、工资（元/小时）。

（2）福利津贴扣发：记录编号、年月、员工编号、类别、项目名称、金额、说明。

（3）月度工资统计：记录编号、年月、员工编号、基本工资、奖金、其他应发明细、其他应发总额、扣发明细、扣发总额、实发金额。

所需的外部数据支持：

（1）人员信息：员工编号、密码、权限、姓名、部门、当前状态。

（2）部门设置：部门编号、名称等。

（3）月度考勤统计：记录编号、员工编号、年月、各类统计信息。

供选题目 12 进销存管理系统

1．系统功能分析

（1）存销衔接：利用进销存管理系统后，要求能够对整个库存进行实时的监控，及时掌握产品的库存量和客户订单的要求。

（2）产品库存：通过本系统，能够清楚地看到企业库存中的产品数量、存放地点等信息。使得生产部门和销售部门都能够根据库存信息作出决策。

（3）订单管理：对于销售部门输入的订单，能够通过计算机一直跟踪下去。企业做到以销定产，在库存中备有一定的储备量。

（4）发货计划：根据客户订单要求和企业现有的库存，制订发货计划。

2．数据库设计

（1）客户信息，包括客户编码、名称、地址、税号、信誉度、国家、省份等。

（2）订单信息，包括订单时间、客户编号、货品号、数量、交货时间、负责业务员、订单号、是否已经交货等。

（3）库存信息，包括货品号、数量、存放地点等。

（4）发货信息，包括发货时间、客户编号、货品号、数量、经手人对应订单等。

（5）产品信息，包括货品号、名称、企业的生产能力、单个产品的利润、单价、型号等。

（6）产品生产信息，包括货品号、数量、计划完成时间、生产负责人等。

（7）产品进库信息，包括货品号、数量、进库时间、经手人等。

供选题目 13 学生社团管理

1．系统功能分析

（1）各社团简况维护，包括社团名称、成立日期、指导老师、负责人、活动地点等。

（2）参加社团的成员简况维护，包括学号、姓名、性别、所在班级等。不参加社团者不涉及。

（3）各社团成员加入和退出信息的输入。

（4）按社团查询该社团组成（即全部成员）情况。

（5）按班级查询该班学生参加社团情况。

（6）按学号查询该学生参加社团情况。

（7）查询那些参加三个以上社团学生的情况。

（8）按社团查询各社团指导老师和学生负责人。

（9）分社团打印包括以下内容的报表：社团编号、社团名称、社团负责人姓名、成员学号、成员姓名、加入日期、成员所在班级。

（10）打印包括所有社团在内的统计报表：社团编号、社团名称、社团负责人姓名、指导老师、成立日期、社团人数。

2．数据库设计

（1）t_班级简况，含班级代号、班级名称两个字段。

（2）t_成员简况，含成员编号、班级代号、姓名、性别、电话5个字段。

（3）t_社团简况，含社团编号、社团名称、负责人编号、成立日期4个字段。

（4）t_社团组成，含社团编号、成员编号、加入日期、退出日期4个字段。

供选题目 14　图书管理

1．系统功能分析

（1）图书档案维护：图书馆经常购进图书，也可能因为损坏或丢失注销图书。所以，图书馆的第一项工作就是图书档案的维护。由于同一版本的书可能购买多册，所以除统一编号外，图书馆还要给每一本书设定图书编号，标识该书。图书档案包括图书编号、统一编号、书名、作者、出版社、单价、购买日期、主题词、状况（在库、借出或注销）。

（2）借书证的发放和收回：借书证发放和收回（或注销）是借阅图书的前提。不但要有实际的借书证，还要将有关信息输入计算机，以便于借还图书时由计算机处理。这方面工作所涉及的数据有：借书证号、姓名、单位（或班级）、类别（用以区分不同读者，以限制最多可借图书册数）和发放日期。

（3）图书的借阅登记：图书借阅登记所涉及的数据有：图书编号、借书证号、借阅日期、限定归还日期、实际归还日期、罚款金额。

除了上述事务外，图书馆的数据库管理系统还应包括以下功能：

（1）根据统一编号（或作者或主题词）查询图书的状况。

（2）根据图书编号查询该书是谁借走的。

（3）根据借书证号查询该读者借了几本书。

（4）打印借阅量最多的图书的统计报表。

（5）打印借阅量最少的图书的统计报表。

由于同一版本的书可能有多册，借阅量统计应按下列公式计算：

$$n=N/M$$

其中，N 是在给定日期范围内（例如一年）某统一编号所有图书总借阅次数；M 是该统一编号的图书册数；n 是该统一编号的每一本书的平均借出次数。

2．数据库设计

图书档案管理的基本表如下：

（1）t_图书基本信息，含统一书号、书名、第一作者、出版社所在地、出版社、出版年份、主题词、定价8个字段。

（2）t_图书档案，含图书编号、统一书号、购进日期、状况4个字段。

（3）t_借书证，含借书证号、姓名、部门、发证日期、状况 5 个字段。

（4）t_图书借还，含借书证号、图书编号、借阅日期、归还期限、归还日期、罚款金额 6 个字段。

供选题目 15　商品购销存管理

1．系统功能分析

（1）进货时，以进货单为单位，每一笔进货数据随时录入计算机；

（2）销售时，以销售单为单位，每一笔销售数据随时录入计算机；

（3）由计算机自动计算出当前库存。

2．数据库设计

（1）t_供应商，含编号、名称、地址、电话、E_mail 5 个字段。

（2）t_客户，含编号、名称、地址、电话、E_mail 5 个字段。

（3）t_商品，含编号、名称、规格、计量单位 4 个字段。

（4）t_进货单，含单号、日期、供应商编号 3 个字段。

（5）t_销售单，含单号、日期、客户编号 3 个字段。

（6）t_计量单位，含计量单位 1 个字段。

（7）t_进货单明细，含进货单号、商品编号、数量、单价 4 个字段。

（8）t_销售单明细，含销售单号、商品编号、数量、单价 4 个字段。

第三部分

全国计算机等级考试二级 Access 数据库程序设计模拟试卷及解析

模拟试卷 1

一、单项选择题（每小题 1 分，合计 40 分）

1. 在数据库设计中，将 E-R 图转换成关系数据模型的过程属于（　　）。
   A. 需求分析阶段　　　　　　　　B. 概念设计阶段
   C. 逻辑设计阶段　　　　　　　　D. 物理设计阶段

2. 下列选项中，不是 Access 窗体事件的是（　　）。
   A. Load　　　　　B. Unload　　　　　C. Exit　　　　　D. Activate

3. 下列程序段的功能是实现"学生"表中"年龄"字段值加 1，空白处应填入的程序代码是（　　）。

```
Dim Str As String
Str="          "
DoCmd.RunSQL  Str
```
   A. 年龄=年龄+1　　　　　　　　B. Update 学生 Set 年龄=年龄+1
   C. Set 年龄=年龄+1　　　　　　D. Edit 学生 Set 年龄=年龄+1

4. 运行下列程序，显示的结果是（　　）。

```
Private Sub Command34_Click(  )
    i=0
    Do
        i=i+1
    Loop While i<10
    MsgBox  i
End Sub
```
   A. 0　　　　　B. 1　　　　　C. 10　　　　　D. 11

5. ADO 对象模型包括 5 个对象，分别是 Connection、Command、Field、Error 和（　　）。
   A. Database　　B. Workspace　　C. RecordSet　　D. DBEngine

6. 能够实现从指定记录集里检索特定字段值的函数是（　　）。
   A. DCount　　B. Dlookup　　C. DMax　　D. DSum

7. Access 数据库的结构层次是（　　）。
   A. 数据库管理系统→应用程序→表
   B. 数据库→数据表→记录→字段
   C. 数据表→记录→数据项→数据
   D. 数据表→记录→字段

8. 用链表表示线性表的优点是（　　）。
   A. 便于随机存取
   B. 花费的存储空间较顺序存储少
   C. 便于插入和删除操作
   D. 数据元素的物理顺序与逻辑顺序相同

9. 在学校中，教师的"职称"与教师个人"职工号"的关系是（　　）。
   A. 一对一联系　　　　　　　　B. 一对多联系

C. 多对多联系　　　　　　　　　　　　　D. 无联系

10. 已知教师表"学历"字段的值只可能是四项(博士、硕士、本科或其他)之一，为了方便输入数据，设计窗体时，学历对应的控件应该选择（　　　）。

A. 标签　　　　　　B. 文件框　　　　　　C. 复选框　　　　　D. 组合框

11. 在窗体中添加一个名称为 Command1 的命令按钮，然后编写如下事件代码：

```
Private Sub Command1_Click ( )
    MsgBox  f(24, 18)
End Sub
Public Function f(m As Integer, n As Integer)As Integer
    Do While m<>n
        Do While m>n
            m=m-n
        Loop
        Do While m<n
            n=n-m
        Loop
    Loop
    f=m
End Function
```

窗体打开运行后，单击命令按钮，则消息框的输出结果是（　　　）。

A. 2　　　　　　　　B. 4　　　　　　　　C. 6　　　　　　　　D. 8

12. 在 Access 中，可用于设计输入界面的对象是（　　　）。

A. 窗体　　　　　　B. 报表　　　　　　C. 查询　　　　　　D. 表

13. 下列表达式计算结果为数值类型的是（　　　）。

A. #5/5/2010#−#5/1/2010#　　　　　　　B. "l02">"11"

C. 102 − 98+4　　　　　　　　　　　　　D. #5/1/2010#+5

14. 若变量 i 的初值为 8，则下列循环语句中循环体的执行次数为（　　　）。

```
Do While i<=17
    i=i+2
Loop
```

A. 3 次　　　　　　B. 4 次　　　　　　C. 5 次　　　　　　D. 6 次

15. 在报表中，要计算"数学"字段的最低分，应将控件的"控件来源"属性设置为（　　　）。

A. =Min([数学])　　B. =Min(数学)　　　C. =Mini[数学]　　　D. Max(数学)

16. 在 VBA 中，下列关于过程的描述中正确的是（　　　）。

A. 过程的定义可以嵌套，但过程的调用不能嵌套

B. 过程的定义不可以嵌套，但过程的调用可以嵌套

C. 过程的定义和过程的调用均可以嵌套

D. 过程的定义和过程的调用均不能嵌套

17. 下列链表中，其逻辑结构属于非线性结构的是（　　　）。

A. 二叉链表　　　　B. 循环链表　　　　C. 双向链表　　　　D. 带链的栈

18. 有 3 个关系 R，S 和 T，关系 T 由关系 R 和 S 通过某种操作得到，该操作为（　　　）。

A. 选择　　　　　　B. 投影　　　　　　C. 筛选　　　　　　D. 并

19. 下面叙述中错误的是（　　　　）。

A. 软件测试的目的是发现错误并改正错误

B. 对被调试的程序进行"错误定位"是程序调试的必要步骤

C. 程序调试通常也称为 Debug

D. 软件测试应严格执行测试计划，排除测试的随意性

20. 窗体中有 3 个命令按钮，分别命名为 Command1,Command2 和 Command3。当单击 Command1 按钮时，Command2 按钮变为可用，Command3 按钮变为不可见。下列 Cornmand1 的单击事件过程中，正确的是（　　　　）。

A.
```
Private  Sub Command1_Click(    )
    Command2. Visible = True
    Command3. Visible = False
End Sub
```

B.
```
PrivateSub Command1_Click(    )
    Command2. Enable = True
    Command3. Enable = False
End Sub
```

C.
```
Private  Sub Command1_Click(    )
    Command2. Enable = True
    Command3. Visible = False
End Sub
```

D.
```
Private  Sub Command1_Click(    )
    Command2. Visible = True
    Command3. Enable = False
End Sub
```

21. 算法分析的目的是（　　　　）。

A. 找出数据结构的合理性

B. 找出算法中输入和输出之间的关系

C. 分析算法的易懂性和可靠性

D. 分析算法的效率以求改进

22. 某窗体上有一个命令按钮，要求单击该按钮后调用宏打开应用程序 Word，则设计 该宏时应选择的宏命令是（　　　　）。

A. RunApp　　　　B. RunCode　　　　C. RunMacro　　　　D. RunCommand

23. 在窗体上有一个名为 num2 的文本框和 run11 的命令按钮，事件代码如下：

```
Private Sub run11_Click ( )
    Select Case num2
        Case 0
            Result="0 分"
        Case 60 To 84
            result= "通过"
        Case IS>=85
            result= "优秀"
        Case Else
            result="不合格"
```

```
        End Select
        MsgBox result
End Sub
```
打开窗体，在文本框中输入 80，单击命令按钮，输出结果是（　　　）。

    A．合格　　　　　　B．通过　　　　　　　C．优秀　　　　　　D．不合格

24．在窗体中有一个命令按钮 Command1 和一个文本框 Text1，编写事件代码如下：

```
Private Sub Command1_Click()
        For i=1 To 4
            X=3
            For j=1 To 3
                For k=1 To 2
                    x=x+3
                Next k
            Next j
        Next i
        Text1.Value=Str(x)
End Sub
```
打开窗体运行后，单击命令按钮，文本框 Text1 中输出的结果是（　　　）。

    A．6　　　　　　　　B．12　　　　　　　　C．18　　　　　　　D．21

25．下列选项中，不属于 Access 数据类型的是（　　　）。

    A．数字　　　　　　B．文本　　　　　　　C．报表　　　　　　D．时间/日期

26．图 3-1 所示的是报表设计视图，由此可判断该报表的分组字段是（　　　）。

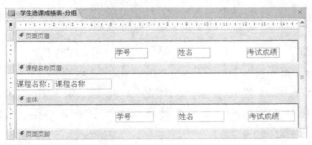

图 3-1

    A．课程名称　　　　B．学分　　　　　　　C．成绩　　　　　　D．姓名

27．如果在文本框内输入数据后，按【Enter】键或按【Tab】键，输入焦点可立即移至下一指定文本框，应设置（　　　）。

    A．"制表位"属性　　　　　　　　　　B．"Tab 键索引"属性

    C．"自动 Tab 键"属性　　　　　　　　D．"Enter 键行为"属性

28．下列属于通知或警告用户的命令是（　　　）。

    A．PrintOut　　　　　　　　　　　　B．OutPutTo

    C．MsgBox　　　　　　　　　　　　　D．SetWarnings

29．在 E-R 图中，用来表示实体联系的图形是（　　　）。

    A．椭圆形　　　　　　B．矩形　　　　　　　C．菱形　　　　　　D．三角形

30．在模块的声明部分使用"Option Base 1"语句，然后定义二维数组 A(2 to 5，5)，

则该数组的元素个数为（　　　　）。

  A．20   B．24   C．25   D．36

31．在成绩中要查找成绩 ≥ 80 且成绩 ≤ 90 的学生，正确的条件表达式是（　　　　）。

  A．成绩 Between 80 And 90   B．成绩 Between 80 To 90

  C．成绩 Between 79 And 91   D．成绩 Between 79 To 91

32．在代码中定义了一个子过程：
```
Sub P(a, b)
... ...
End Sub
```
下列调用该过程的形式中，正确的是（　　　　）。

  A．P(10，20)   B．Call P

  C．Call P 10，20   D．Call P(10，20)

33．将一个数转换成相应字符串的函数是（　　　　）。

  A．Str   B．String   C．ASC   D．Chr

34．下面显示的是查询设计视图的设计网格部分，从图 3-2 所示的内容中，可以判定要创建的查询是（　　　　）。

字段	借书证号	姓名	部门	书号	还书日期
表	读者信息	读者信息	读者信息	借书登记	借书登记
排序					
追加到	借书证号	姓名	部门	书号	
条件			"土建学院"		Is Null
或					

图 3-2　查询设计视图

  A．删除查询   B．追加查询

  C．生成表查询   D．更新查询

35．假设已在 Access 中建立了包含"姓名""基本工资"和"奖金"3 个字段的职工表，以该表为数据源创建的窗体中，有一个计算实发工资的文本框，其控件来源为（　　　　）。

  A．基本工资+奖金

  B．[基本工资]+[奖金]

  C．=[基本工资]+[奖金]

  D．=基本工资+奖金

36．程序流程图中带有箭头的线段表示的是（　　　　）。

  A．图元关系   B．数据流   C．控制流   D．调用关系

37．窗体中有命令按钮 run34，对应的事件代码如下：
```
Private Sub run34_Click()
    Dim num As Integer, a As  Integer, b As Integer, i As Integer
    For i=1 To 10
        num=InputBox("请输入数据: ", "输入")
        If Int(num/2)=num/2 Then
            a=a+1
        Else
            b=b+1
        End if
```

```
        Next i
        MsgBox("运行结果: a="& Str(a)&", b="& Str(b)")
End Sub
```

运行以上事件过程，所完成的功能是（　　　　）。

　A. 对输入的 10 个数据求累加和

　B. 对输入的 10 个数据求各自的余数，然后再进行累加

　C. 对输入的 10 个数据分别统计奇数和偶数的个数

　D. 对输入的 10 个数据分别统计整数和非整数的个数

38. 若要将"产品"表中所有供货商是"ABC"的产品单价下调 50，则正确的 SQL 语句是（　　　　）。

　A. UPDATE 产品 SET 单价=50 WHERE 供货商="ABC"

　B. UPDATE 产品 SET 单价=单价-50 WHERE 供货商="ABC"

　C. UPDATE FROM 产品 SET 单价=50 WHERE 供货商="ABC"

　D. UPDATE FROM 产品 SET 单价=单价-50 WHERE 供货商="ABC"

39. 在窗体上有一个命令按钮 Command1，编写事件代码如下：

```
Private Sub Command1_Click()
        Dim Y As Integer
        y=0
        Do
            y=InputBox(" y=")
            If(Y Mod 10)+Int(y/10)=10 Then Debug.Print Y;
        Loop Until y=0
End Sub
```

打开窗体运行后，单击命令按钮，依次输入 10,37,50,55,64,20,28,19,-19,0，立即窗口上输出的结果是（　　　　）。

　A. 37 55 64 28 19 19　　　　　　　　　B. 10 50 20

　C. 10 50 20 0　　　　　　　　　　　　D. 37 55 64 28 19

40. 在下列查询语句中，与 SELECT * FROM TAB1 WHERE InStr([简历], "篮球")<>0 功能相同的语句是（　　　　）。

　A. SELECT * FROM TAB1 WHERE TAB1.简历 Like "篮球"

　B. SELECT * FROM TAB1 WHERE TAB1.简历 Like "*篮球"

　C. SELECT * FROM TAB1 WHERE TAB1.简历 Like "*篮球*"

　D. SELECT * FROM TAB1 WHERE TAB1.简历 Like "篮球*"

二、**基本操作题**（共 1 题，合计 18 分）

在考生文件夹下，存在一个数据库文件"samp1.accdb"。在数据库文件中已经建立了一个表对象"学生基本情况"。试按以下操作要求，完成各种操作：

（1）将"学生基本情况"表名称更改为"tStud"。

（2）设置"身份 ID"字段为主键，并设置"身份 ID"字段的相应属性，使该字段在数据表视图中的显示标题为"身份证"。

（3）将"姓名"字段设置为有重复索引。

（4）在"家长身份证号"和"语文"两字段间增加一个字段，名称为"电话"，类型为

文本型，大小为 12。

（5）将新增"电话"字段的输入掩码设置为“010-********”形式。其中，"010-"部分自动输出，后八位为 0～9 的数字显示。

（6）在数据表视图中将隐藏的"编号"字段重新显示出来。

三、简单应用题（共 1 题，合计 24 分）

考生文件夹下存在一个数据库文件“samp2.accdb”，里面已经设计好表对象“tCourse”“tScore”和“tStud”，试按以下要求完成设计：

（1）创建一个查询，查找党员记录，并显示“姓名”“性别”和“入校时间”3 列信息，所建查询命名为“qT1”。

（2）创建一个查询，当运行该查询时，屏幕上显示提示信息：“请输入要比较的分数：”，输入要比较的分数后，该查询查找学生选课成绩的平均分大于输入值的学生信息，并显示“学号”和“平均分”两列信息，所建查询命名为“qT2”。

（3）创建一个交叉表查询，统计并显示各班每门课程的平均成绩，统计显示结果如图 3-3 所示（要求：直接用查询设计视图建立交叉表查询，不允许用其他查询做数据源），所建查询命名为“qT3”。

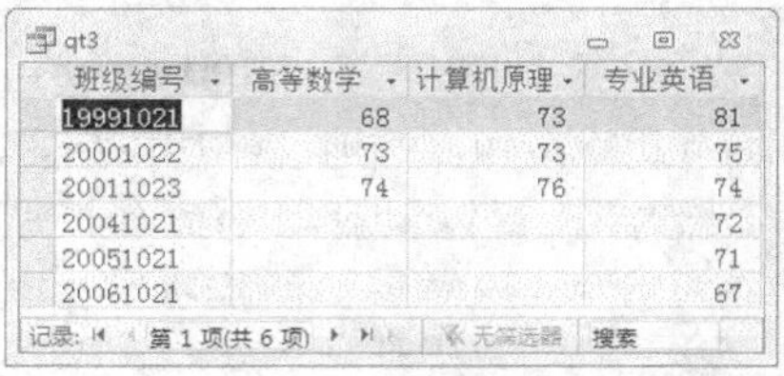
qt3

班级编号	高等数学	计算机原理	专业英语
19991021	68	73	81
20001022	73	73	75
20011023	74	76	74
20041021			72
20051021			71
20061021			67

记录: 第 1 项(共 6 项) 无筛选器 搜索

图 3-3　交叉表查询结果

说明："学号"字段的前 8 位为班级编号，平均成绩取整要求用 Round 函数实现。

（4）创建一个查询，运行该查询后生成一个新表，表名为“tNew”，表结构包括“学号”“姓名”“性别”“课程名”和“成绩”5 个字段，表内容为 90 分以上（包括 90 分）或不及格的所有学生记录，并按课程名降序排序，所建查询命名为“qT4”。要求创建此查询后，运行该查询，并查看运行结果。

四、综合操作题（共 1 题，合计 18 分）

考生文件夹下存在一个数据库文件“samp3.accdb”，里面已经设计好表对象“tStud”和查询对象“qStud”，同时还设计出以“qStud”为数据源的报表对象“rStud”。试在此基础上按照以下要求补充报表设计：

（1）在报表的报表页眉节区位置添加一个标签控件，其名称为“bTitle”，标题显示为“97 年入学学生信息表”。

（2）在报表的主体节区添加一个文本框控件，显示“姓名”字段值。该控件放置在距上边 0.1 cm、距左边 3.2 cm 处，并命名为“tName”。

（3）在报表的页面页脚节区添加一个计算控件，显示系统年月，显示格式为：×××× 年 ×× 月（注：不允许使用格式属性）。计算控件放置在距上边 0.3 cm、距左边 10.5 cm 处，并命名为“tDa”。

（4）按“编号”字段前 4 位分组统计每组记录的平均年龄，并将统计结果显示在组页脚节区。计算控件命名为“tAvg”。

注意：不允许改动数据库中的表对象“tStud”和查询对象“qStud”，同时也不允许修改报表对象“rStud”中已有的控件和属性。

模拟试卷 2

一、单项选择题（每小题 1 分，合计 40 分）

1. Access 2010 数据库的文件类型是（　　　）。
   A. ACCDB 文件　　　　B. HTML 文件　　　　C. MDB 文件　　　D. DOC 文件

2. 在窗体上有一个命令按钮 Command1，编写事件代码如下：

```
Private Sub Command1_Click(    )
    Dim X As Integer, Y As Integer
    X=12: Y=32
    Call Proc(X, Y)
    Debug. Print X; Y
End Sub
Public Sub proc(n As Integer, ByVal m As Integer)
    n=n Mod 10
    m=m Mod 10
End Sub
```

   打开窗体运行后，单击命令按钮，立即窗口上输出的结果是（　　　）。
   A. 232　　　　　　　B. 123　　　　　　　C. 22　　　　　　D. 1232

3. 在窗体中有一个名称为 run35 的命令按钮，单击该按钮从键盘接收学生成绩，如果输入的成绩不在 0～100 分之间，则要求重新输入；如果输入的成绩正确，则进入后续程序处理。run35 命令按钮的 Click 的事件代码如下：

```
PrivateSub run35_Click(  )
    Dim flag As Boolean
    result=0
    flag=True
    Do While flag
        result=Val(InputBox("请输入学生成绩: ","输入"))
        If result>=0 And result<=100 Then
            _____
        Else
            MsgBox "成绩输入错误，请重新输入"
        End If
    Loop
    Rem                        '成绩输入正确后的程序代码略
End Sub
```

   程序中的空白处需要填入一条语句使程序完成其功能。下列选项中错误的语句是（　　　）。
   A. flag=False　　　　B. flag=Not flag　　　　C. flag=True　　　D. Exit Do

4. 下列关于货币数据类型的叙述中，错误的是（　　　）。
   A. 货币型字段在数据表中占 8 个字节的存储空间
   B. 货币型字段可以与数字型数据混合计算，结果为货币型
   C. 向货币型字段输入数据时，系统自动将其设置为 4 位小数
   D. 向货币型字段输入数据时，不必输入人民币符号和千位分隔符

5. 代表必须输入字母(A～Z)的输入掩码是（　　　）。

A. 9　　　　　　　　B. L　　　　　　　　C. #　　　　　　　　D. C

6. 表达式"B=INT(A+0.5)"的功能是（　　　）。

　　A. 将变量 A 保留小数点后 1 位

　　B. 将变量 A 四舍五入取整

　　C. 将变量 A 保留小数点后 5 位

　　D. 舍去变量 A 的小数部分

7. 下列关于栈的叙述中正确的是（　　　）。

　　A. 栈按"先进先出"组织数据　　　　B. 栈按"先进后出"组织数据

　　C. 只能在栈底插入数据　　　　　　D. 不能删除数据

8. 如果 x 是一个正的实数，保留两位小数，将千分位四舍五入的表达式是（　　　）。

　　A. 0.01*Int(x+0.05)　　　　　　　B. 0.01*Int(100*(x+0.005))

　　C. 0.01*Int(x+0.005)　　　　　　　D. 0.01*Int(100*(x+0.05))

9. 下列关于 VBA 事件的叙述中，正确的是（　　　）。

　　A. 触发相同的事件可以执行不同的事件过程

　　B. 每个对象的事件都是不相同的

　　C. 事件都是由用户操作触发的

　　D. 事件可以由程序员定义

10. 下列对数据输入无法起到约束作用的是（　　　）。

　　A. 输入掩码　　　　　　　　　　　B. 有效性规则

　　C. 字段名称　　　　　　　　　　　D. 数据类型

11. 数据流程图(DFD)是（　　　）。

　　A. 软件概要设计的工具

　　B. 软件详细设计的工具

　　C. 结构化方法的需求分析工具

　　D. 面向对象方法的需求分析工具

12. 数据流图中，带有箭头的线段表示的是（　　　）。

　　A. 控制流　　　　B. 事件驱动　　　　C. 模块调用　　　　D. 数据流

13. 在 SQL 查询中"GROUP BY"的含义是（　　　）。

　　A. 选择行条件　　　　　　　　　　B. 对查询进行排序

　　C. 选择列字段　　　　　　　　　　D. 对查询进行分组

14. 学校图书馆规定，一名旁听生同时只能借一本书，一名在校生同时可以借 5 本书，一名教师同时可以借 10 本书，在这种情况下，读者与图书之间形成了借阅关系，这种借阅关系是（　　　）。

　　A. 一对一联系　　　　　　　　　　B. 一对五联系

　　C. 一对十联系　　　　　　　　　　D. 一对多联系

15. 在 VBA 中，错误的循环结构是（　　　）。

```
A.  Do While 条件式          B.  Do Until 条件式
        循环体                      循环体
    Loop                        Loop
```

C. Do Until
　　循环体
Loop 条件式

D. Do
　　循环体
Loop While 条件式

16. 软件生命周期是指（　　　）。
　　A. 软件产品从提出、实现、使用维护到停止使用退役的过程
　　B. 软件从需求分析、设计、实现到测试完成的过程
　　C. 软件的开发过程
　　D. 软件的运行维护过程

17. 用于从其他数据库导入和导出数据的宏命令是（　　　）。
　　A. TransferText
　　B. TransferValue
　　C. TransferData
　　D. TransferDatabase

18. 下列叙述中，错误的是（　　　）。
　　A. 宏能够一次完成多个操作
　　B. 可以将多个宏组成一个宏组
　　C. 可以用编程的方法来实现宏
　　D. 宏命令一般由动作名和操作参数组成

19. 用 SQL 语句将 STUDENT 表中字段"年龄"的值加 1，可以使用的命令是（　　　）。
　　A. REPLACE STUDENT 年龄=年龄+1
　　B. REPLACE STUDENT 年龄 WITH 年龄+1
　　C. UPDATE STUDENT SET 年龄=年龄+1
　　D. UPDATE STUDENT 年龄 WITH 年龄+1

20. 要设置窗体的控件属性值，可以使用的宏操作是（　　　）。
　　A. Echo　　　　　B. RunSQL　　　　　C. SetValue　　　　　D. Set

21. 下列叙述中，正确的是（　　　）。
　　A. Sub 过程无返回值，不能定义返回值类型
　　B. Sub 过程有返回值，返回值类型只能是符号常量
　　C. Sub 过程有返回值，返回值类型可在调用过程时动态决定
　　D. Sub 过程有返回值，返回值类型可由定义时的 As 子句声明

22. 一棵二叉树共有 47 个结点，其中有 23 个度为 2 的结点。假设根结点在第 1 层，则该二叉树的深度为（　　　）。
　　A. 2　　　　　B. 4　　　　　C. 6　　　　　D. 8

23. 下列关于对象"更新前"事件的叙述中，正确的是（　　　）。
　　A. 在控件或记录的数据变化后发生的事件
　　B. 在控件或记录的数据变化前发生的事件
　　C. 当窗体或控件接收到焦点时发生的事件
　　D. 当窗体或控件失去了焦点时发生的事件

24. 下列表达式中，能正确表示条件"X 和 Y 都是奇数"的是（　　　）。
　　A. X Mod 2=0 And Y Mod 2=0
　　B. X Mod 2=0 Or Y Mod 2=0

    C. X Mod 2=1 And Y Mod 2=1

    D. X Mod 2=1 Or Y Mod 2=1

25. 窗体中有命令按钮 Command1 和文本框 Text1，事件过程如下：

```
Function result (By x As Integer) As Boolean
    If x Mod 2=0 Then
        result=True
    else
        result=False
    End if
End Function
Private Sub Command1_Click()
    x=Val(InputBox("请输入一个整数"))
    If _____ Then
        Text1= Str(x) &"是偶数. "
    Else
        Text1= Str(x) &"是奇数. "
    End If
End Sub
```

运行程序，单击命令按钮，输入 19，在 Text1 中会显示 "19 是奇数"。那么以上程序的空白处应填写（　　　　）。

    A. result(x)="偶数"　　　　　　　　B. result(x)

    C. result(x)= "奇数"　　　　　　　　D. NOT result(x)

26. 有 3 个关系 R，S 和 T 如图 3-4 所示。

R	
A	B
m	1
n	2

S	
B	C
1	3
3	5

T		
A	B	C
m	1	3

图 3-4　R、S 和 T 的关系

关系 R 和 S 通过运算得到关系 T，则所使用的运算为（　　　　）。

    A. 笛卡儿积　　　　B. 交　　　　C. 并　　　　D. 自然连接

27. 设有如下过程：

```
X= 1
Do
    x= x+ 2
Loop Until_____
```

运行程序，要求循环体执行 3 次后结束循环，空白处应填入的语句是（　　　　）。

    A. x<-7　　　　B. x<7　　　　C. x>=7　　　　D. x>7

28. 在设计报表的过程中，如果要进行强制分页，应使用的工具图标是（　　　　）。

    A. 　　　　　　B. 　　　　　　C. 　　　　　　D.

29. 下列给出的选项中，非法的变量名是（　　　　）。

    A. Sum　　　　B. Integer2　　　　C. Rem　　　　D. Form1

30. 因修改文本框中的数据而触发的事件是（　　　　）。

    A. Change　　　　B. Edit　　　　C. GetFocus　　　　D. LostFocus

31. 创建参数查询时，在查询设计视图准则行中应将参数提示文本放置在（　　　）中。

A. {}　　　　　　B. ( )　　　　　　C. []　　　　　　D. <>

32. 在窗口中有一个标签 Label0 和一个命令按钮 Command1，Command1 的事件代码如下：

```
Private Sub Command1_Click( )
    Label0.Left=Label0.Left+100
End Sub
```

打开窗口，单击命令按钮，结果是（　　　）。

A. 标签向左加宽　　　　　　　　　　B. 标签向右加宽

C. 标签向左移动　　　　　　　　　　D. 标签向右移动

33. 在报表中，若要得到"数学"字段的最高分，应将控件的"控件来源"属性设置为（　　　）。

A. =Max([数学])　　　　　　　　　　B. =Max["数学"]

C. =Max[数学]　　　　　　　　　　　D. =Max"[数学]"

34. 一棵二叉树共有 25 个结点，其中 5 个是叶子结点，则度为 1 的结点数为（　　　）。

A. 4　　　　　　B. 10　　　　　　C. 6　　　　　　D. 16

35. 在建立查询时，若要筛选出图书编号是"T01"或"T02"的记录，可以在查询设计视图准则行中输入（　　　）。

A. "T01" or"T02"　　　　　　　　　　B. "T01" and "T02"

C. in("T01" and "T02")　　　　　　D. not in("T01" and "T02")

36. 窗体中有一个名为 Command1 的命令按钮和一个名为 Text1 的文本框，事件代码如下：

```
Private Sub Command1_Click( )
    Dim a(10) As Integer, b(10) As Integer
    n= 3
    For i=1 To  5
        a(i)=i
        b(i)=2*n+i
    Next i
    Me!Text1=a(n)+b(n)
End Sub
```

打开窗体，单击命令按钮，文本框 Text1 中显示的内容是（　　　）。

A. 13　　　　　　B. 14　　　　　　C. 15　　　　　　D. 16

37. SELECT 命令中用于返回非重复记录的关键字是（　　　）。

A. TOP　　　　　B. GROUP　　　　　C. DISTINCT　　　D. ORDER

38. 在软件开发中，需求分析阶段产生的主要文档是（　　　）。

A. 可行性分析报告　　　　　　　　　B. 软件需求规格说明书

C. 概要设计说明书　　　　　　　　　D. 集成测试计划

39. 在数据库中，建立索引的主要作用是（　　　）。

A. 节省存储空间　　　　　　　　　　B. 提高查询速度

C. 便于管理　　　　　　　　　　　　D. 防止数据丢失

40. 在 Access 中，如果不想显示数据表中的某些字段，可以使用的命令是（　　　）。

A. 隐藏　　　　　　　　B. 删除　　　　　　　　C. 冻结　　　　D. 筛选

二、基本操作题（共 1 题，合计 18 分）

在考生文件夹下，已有"samp1.accdb"数据库文件和 Stab.xls 文件，" samp1.accdb"中已建立表对象"student"和"grade"，试按以下要求，完成表的各种操作：

（1）将考生文件夹下的 Stab.xls 文件导入到"student"表中。

（2）将"student"表中 1975 年到 1980 年之间（包括 1975 年和 1980 年）出生的学生记录删除。

（3）将"student"表中"性别"字段的默认值属性设置为"男"。

（4）将"student"表拆分为两个新表，表名分别为"tStud"和"tOffice"。其中"tStud"表结构为学号，姓名，性别，出生日期，院系，籍贯，主键为学号；"tOffice"表结构为：院系，院长，院办电话，主键为"院系"。

要求：保留"student"表。

（5）建立"student"和"grade"两表之间的关系。

三、简单应用题（共 1 题，合计 24 分）

考生文件夹下存在一个数据库文件"samp2.accdb"，里面已经设计好一个表对象"tTeacher"。试按以下要求完成设计：

（1）创建一个查询，计算并输出教师最大年龄与最小年龄的差值，显示标题为"m_age"，所建查询命名为"qT1"。

（2）创建一个查询，查找并显示具有研究生学历的教师的"编号""姓名""性别"和"系别"四个字段内容，所建查询命名为"qT2"。

（3）创建一个查询，查找并显示年龄小于等于 38、职称为副教授或教授的教师的"编号""姓名""年龄""学历"和"职称"五个字段内容，所建查询命名为"qT3"。

（4）创建一个查询，查找并统计在职教师按照职称进行分类的平均年龄，然后显示出标题为"职称"和"平均年龄"的两个字段内容，所建查询命名为"qT4"。

四、综合操作题（共 1 题，合计 18 分）

考生文件夹下存在一个数据库文件"samp3.accdb"，里面已经设计好表对象"tEmployee"和"tGroup"及查询对象"qEmployee"，同时还设计出以"qEmployee"为数据源的报表对象"rEmployee"。试在此基础上按照以下要求补充报表设计：

（1）在报表的报表页眉节区位置添加一个标签控件，名称为"bTitle"，标题显示为"职工基本信息表"。

（2）在"性别"字段标题对应的报表主体节区距上边 0.1cm、左侧 5.2cm，位置添加一个文本框，显示出"性别"字段值，并命名为"tSex"。

（3）设置报表主体节区内文本框"tDept"的控件来源属性为计算控件。要求该控件可以根据报表数据源里的"所属部门"字段值，从非数据源表对象"tGroup"中检索出对应的部门名称并显示输出。（提示：考虑 DLookup 函数的使用。）

注意：不允许修改数据库中的表对象"tEmployee"和"tGroup"及查询对象"qEmployee"；不允许修改报表对象"qEmployee"中未涉及的控件和属性。

模拟试卷 3

一、单项选择题（每小题 1 分，合计 40 分）

1. 在 Access 中已建立了"学生"表。其中有可以存放照片的字段。在使用向导为该表创建窗体时，"照片"字段所使用的默认控件是（　　　）。
   A. 图像框　　　　　　B. 图片框　　　　　C. 非绑定对象框　　　D. 绑定对象框

2. 对数据表进行筛选操作的结果是（　　　）。
   A. 将满足条件的记录保存在新表中　　　B. 隐藏表中不满足条件的记录
   C. 将不满足条件的记录保存在新表中　　D. 删除表中不满足条件的记录

3. 在窗体上有一个命令按钮 Command1，编写事件代码如下：

```
Private Sub Command1_Click ()
        Dim d1 As Date
        Dim d2 As Date
        d1 = # 12/25/2009#
        d2 = # 1/5/2010#
        MsgBox DateDiff("ww", d1, d2)
End Sub
```

   打开窗体运行后，单击命令按钮，消息框中输出的结果是（　　　）。
   A. 1　　　　　　　　B. 2　　　　　　　　C. 10　　　　　　　　D. 11

4. 若有如下 Sub 过程：

```
Sub sfun(X As Single, y As Single)
    t=X
    x=t/Y
    y=t Mod Y
End Sub
```

   在窗体中添加一个命令按钮 Command33，对应的事件过程如下：

```
Private Sub Command33_Click ()
    Dim a As Single
    Dim b As Single
    a=5: b=4
    sfun(a,b)
    MsgBox a &chr(10)+ chr(13) & b
End Sub
```

   打开窗体运行后，单击命令按钮，消息框中有两行输出，内容分别为（　　　）。
   A. 1 和 1　　　　　　B. 1.25 和 1　　　　C. 1.25 和 4　　　　　D. 5 和 4

5. 某学生成绩管理系统的"主窗体"如图 3-5 所示，点击"退出系统"按钮会弹出图 3-6 右侧的"请确认"提示框；如果继续单击"是"按钮，会关闭主窗体退出系统，如果单击"否"按钮，则会返回"主窗体"继续运行系统。

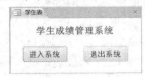

图 3-5　主窗体　　　　　　　图 3-6　"请确认"提示框

为了达到这样的运行效果，在设计主窗体时为"退出系统"按钮的"单击"事件设置了一个"退出系统"宏。正确的宏设计是（　　　）。

A.

B.

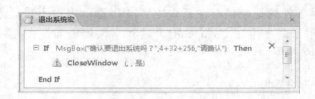

C.

D.

6. 下列程序的功能是计算 N = 2+(2+4)+-(2+4+6)+…+(2+4+6+…+40)的值。

```
Private Sub Command1_Click( )
    t= 0
    m= 0
    sum= 0
    Do
        t=t+m
        sum=sum+t
        m=_____
    Loop While m<41
    MsgBox "sum=   " &sum
End Sub
```

空白处应该填写的语句是（　　　）。

A. t+2　　　　　　　　B. t+1　　　　　　　　C. m+2　　　　　　　　D. m+1

7. 在代码调试时，使用 Debug.Print 语句显示指定变量结果的窗口是（　　　）。

A. 立即窗口　　　　　B. 监视窗口　　　　　C. 本地窗口　　　　　D. 属性窗口

8. 在 Access 的数据表中删除一条记录，被删除的记录（　　　）。

A. 可以恢复到原来设置　　　　　　　　　　B. 被恢复为最后一条记录

C. 被恢复为第一条记录　　　　　　　　　　D. 不能恢复

9. 下面描述中，不属于软件危机表现的是（　　　）。

    A. 软件过程不规范   B. 软件开发生产率低

    C. 软件质量难以控制   D. 软件成本不断提高

10. 某宾馆中有单人间和双人间两种客房，按照规定，每位入住该宾馆的客人都要进行身份登记。宾馆数据库中有客房信息表(房间号……)和客人信息表(身份证号、姓名、来源……)；为了反映客人入住客房的情况，客房信息表与客人信息表之间的联系应设计为（　　　）。

    A. 一对一联系   B. 一对多联系

    C. 多对多联系   D. 无联系

11. 在窗体中添加一个名称为 Command1 的命令按钮，然后编写如下程序：

```
Public x As Integer
Private Sub Command1_Click()
    x = 10
    Call s1
    Call s2
    MsgBox x
End Sub
Private Sub s1()
    x = x+ 20
End Sub
Private Sub s2()
    Dim x As Integer
    x=x+ 20
End Sub
```

窗体打开运行后，单击命令按钮，则消息框的输出结果为（　　　）。

A. 10   B. 30   C. 40   D. 50

12. 在 Access 中对表进行"筛选"操作的结果是（　　　）。

    A. 从数据中挑选出满足条件的记录

    B. 从数据中挑选出满足条件的记录并生成一个新表

    C. 从数据中挑选出满足条件的记录并输出到一个报表中

    D. 从数据中挑选出满足条件的记录并显示在一个窗体中

13. 已经建立了包含"姓名""性别""系别""职称"等字段的"tEmployee"表。若以此表为数据源创建查询，计算各系不同性别的总人数和各类职称人数，并显示如图 3-7 所示的结果。

系别	性别	总计 教师编号	副教授	讲师	教授
电气学院	男	1		1	
电气学院	女	2	2		
计通学院	男	2		1	
经管学院	男	1		1	
经管学院	女	1		1	

记录: 第1项(共5项)　　无筛选器　　搜索

图 3-7　交叉表查询结果

正确的设计是（　　　）。

A.

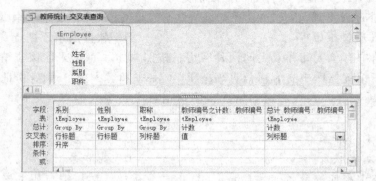

B.

C.

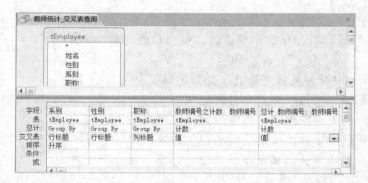

D.

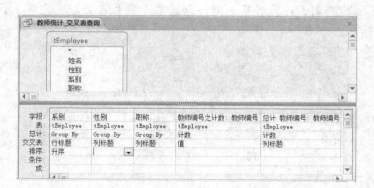

14. 下列不是分支结构的语句是（　　　　）。
    A. If···Then···End lf
    B. While···Wend
    C. If···Then···Else···End lf
    D. Select···Case···End Select

15. 在设计表时，若输入掩码属性设置为 "LLLL"，则能够接收的输入是（　　　　）。
    A. Abcd
    B. 1234
    C. AB+C
    D. ABa9

16. 在 Access 中，可用于设计输入界面的对象是（　　　　）。
    A. 窗体
    B. 报表
    C. 查询
    D. 表

17. 在满足实体完整性约束的条件下（　　　　）。
    A. 一个关系中必须有多个候选关键字
    B. 一个关系中只能有一个候选关键字
    C. 一个关系中应该有一个或多个候选关键字
    D. 一个关系中可以没有候选关键字

18. 下列数据结构中，属于非线性结构的是（　　　　）。
    A. 循环队列
    B. 带链队列
    C. 二叉树
    D. 带链栈

19. 耦合性和内聚性是对模块独立性度量的两个标准。下列叙述中正确的是（　　　　）。
    A. 提高耦合性降低内聚性有利于提高模块的独立性
    B. 降低耦合性提高内聚性有利于提高模块的独立性
    C. 耦合性是指一个模块内部各个元素间彼此结合的紧密程度
    D. 内聚性是指模块间互相连接的紧密程度

20. 一间宿舍可住多个学生，则实体宿舍和学生之间的联系是（　　　　）。
    A. 一对一
    B. 一对多
    C. 多对一
    D. 多对多

21. 在关系窗口中，双击两个表之间的连接线，会出现（　　　　）。
    A. 数据表分析向导
    B. 数据关系图窗口
    C. 连接线粗细变化
    D. 编辑关系对话框

22. 下列叙述中正确的是（　　　　）。
    A. 对长度为 n 的有序链表进行查找，最坏情况下需要的比较次数为 n
    B. 对长度为 n 的有序链表进行对分查找，最坏情况下需要的比较次数为 $n/2$
    C. 对长度为 n 的有序链表进行对分查找，最坏情况下需要的比较次数为 log_2n
    D. 对长度为 n 的有序链表进行对分查找，最坏情况下需要的比较次数为 $n\,log_2n$

23. 用于获得字符串 S 最左边 4 个字符的函数是（　　　　）。
    A. Left(S，4)
    B. Left(S，1，4)
    C. Left str(S，4)
    D. Left str(S，1，4)

24. 输入掩码字符 "&" 的含义是（　　　　）。
    A. 必须输入字母或数字
    B. 可以选择输入字母或数字
    C. 必须输入一个任意的字符或一个空格
    D. 可以选择输入任意的字符或一个空格

25. SQL 查询命令的结构是：SELECT···FROM···WHERE···GROUP BY···HAVING···ORDER BY···。其中，使用 HAVING 时必须配合使用的短语是（　　　　）。

A．FROM　　　　　B．GROUP BY　　　　　C．WHERE　　　　　D．ORDER BY

26. 运行下列程序，结果是（　　　）。

```
Private Sub Command32_click()
    f0= 1: f1= 1: k= 1
    Do While k< = 5
        f= f0+ f1
        f0= f1
        f1= f
        k= k+ 1
    Loop
    MsgBox "f=" & f
End Sub
```

A．f=5　　　　　B．f=7　　　　　C．f=8　　　　　D．f=13

27. 通配符 "#" 的含义是（　　　）。

A．通配任意个数的字符　　　　　B．通配任何单个字符

C．通配任意个数的数字字符　　　D．通配任何单个数字字符

28. 下列程序的功能是输入 10 个整数：

```
Private sub Command2_Click()
    Dim i, j, k, temp, arr(11)As Integer
    Dim result As String
    For k= 1 To 10
        arr(k)=Val(InputBox("请输入第" & k &"个数: ","数据输入窗口"))
    Next k
    i= 1
    J= 10
    Do
        Temp= arr(i)
        arr(i)= arr(j)
        arr(j)= temp
        i= i+ 1
        j=_____
    Loop While _____
    result= " "
    For k= 1 To 10
        result= result & arr(k) & Chr(13)
    Next k
    MsgBox result
End Sub
```

横线处应填写的内容是（　　　）。

A．j-1　i< j　　　B．j+1　i<j　　　C．j+1　i>j　　　D．j-1　i>j

29. 在数据表中筛选记录，操作的结果是（　　　）。

A．将满足筛选条件的记录存入一个新表中

B．将满足筛选条件的记录追加到一个表中

C．将满足筛选条件的记录显示在屏幕上

D．用满足筛选条件的记录修改另一个表中已经存在的记录

30. 建立 f 一个基于学生表的查询，要查找出生日期（数据类型为日期/时间型）在

2008-01-01 和 2008-12-31 之间的学生，在出生日期对应列的准则行中应输入的表达式是（   ）。

    A. Between   2008-01-01   And   2008-12-31

    B. Between   #2008-01-01#   And   #2008-12-31#

    C. Between   2008-01-01   Or   2008-12-31

    D. Between   #2008-01-01#   Or   #2008-12-31#

31. 在"student"表中，"姓名"字段的字段大小为 10，则在此列输入数据时，最多可输入的汉字数和英文字符数分别是（   ）。

    A. 5 5   B. 10 10   C. 5 10   D. 10 20

32. 对于循环队列，下列叙述中正确的是（   ）。

    A. 队头指针是固定不变的

    B. 队头指针一定大于队尾指针

    C. 队头指针一定小于队尾指针

    D. 队头指针可以大于队尾指针，也可以小于队尾指针

33. 若在"销售总数"窗体中有"订货总数"文本框控件，能够正确引用控件值的是（   ）。

    A. Forms. [销售总数]. [订货总数]

    B. Forms![销售总数]. [订货总数]

    C. Forms. [销售总数]![订货总数]

    D. Forms![销售总数]![订货总数]

34. 在打开窗体时，依次发生的事件是（   ）。

    A. 打开(Open)→加载(Load)→调整大小(Resize)→激活(Activate)

    B. 打开(Open)→激活(Activate)→加载(Load)→调整大小(Resize)

    C. 打开(Open)→调整大小(Resize)→加载(Load)→激活(Activate)

    D. 打开(pen)→激活(Activate)→调整大小(Resize)→加载(Load)

35. 已经设计出一个表格式窗体，可以输出教师表的相关字段信息，请按照以下功能要求补充设计：改变当前记录，消息框弹出提示"是否删除该记录？"，单击"是"按钮，则直接删除该当前记录；单击"否"按钮，则什么都不做，其效果如图 3-8 所示。单击"退出"按钮，关闭窗体。

```
Private Sub btnCancel_Click()
    doCmd.Close
    _____

End Sub
```

表格式窗体中的当前记录失去焦点时触发

```
Private Sub Form_ Current()
    If MsgBox ("是否删除该记录?", vbQuestion+vbYesNo, "确认")=vbYes Then
        me.rs.delete
    End If
End Sub
```

图 3-8　窗体运行效果及删除确认对话框

横线处应填写的内容是（　　　）。

A．InputBox.CloseMe.Delete　　　　　　B．DoCmd.CloseVal.Delete

C．DoCmd.CloseRecordset.Delete　　　　D．DoCmd.CloseMe.Recordset.Delete

36．下面描述中错误的是（　　　）。

A．系统总体结构图支持软件系统的详细设计

B．软件设计是将软件需求转换为软件表示的过程

C．数据结构与数据库设计是软件设计的任务之一

D．PAD 图是软件详细设计的表示工具

37．Access 数据库中，表的组成是（　　　）。

A．字段和记录　　　B．查询和字段　　　C．记录和窗体　　　D．报表和字段

38．若窗体 Form1 中有一个命令按钮 Cmd1，则窗体和命令按钮的 Click 事件过程名分别为（　　　）。

A．Form_Click()　Command1_Click()　　B．Form1_Click()　Commamd1_Click()

C．Form_Click()　Cmd1_Click()　　　　D．Form1_Click()　Cmd1_Click()

39．在教师信息输入窗体中，为职称字段提供"教授""副教授""讲师"等选项供用户直接选择，应使用的控件是（　　　）。

A．标签　　　　　　B．复选框　　　　　C．文本框　　　　　D．组合框

40．在窗体中有一个文本框 Testl，编写事件代码如下：

```
Private  Sub Form_Click()
    X= val(InputBox("输入 x 的值"))
    Y= 1
    If  X<>0  Then Y= 2
    Text1.Value= Y
End Sub
```

打开窗体运行后，在输入框中输入整数 12，文本框 Textl 中输出的结果是（　　　）。

A．1　　　　　　　　B．2　　　　　　　　C．3　　　　　　　　D．4

二、基本操作题（共 1 题，合计 18 分）

考生文件夹下存在一个数据库文件"samp1.accdb"，里面已经设计好表对象"tStud"。请按照以下要求，完成对表的修改：

（1）设置数据表显示的字体大小为 14、行高为 18。

（2）设置"简历"字段的说明为"自上大学起的简历信息"。

（3）将"年龄"字段的数据类型改为"数字型"，字段大小为"整型"。

（4）将学号为"20011001"学生的照片信息换成考生文件夹下的"photo.bmp"图像文件。

（5）将隐藏的"党员否"字段重新显示出来。

（6）完成上述操作后，将"备注"字段删除。

三、简单应用题（共 1 题，合计 24 分）

考生文件夹下存在一个数据库文件"samp2.accdb"，里面已经设计好 3 个关联表对象"tStud""tCourse""tScore"和一个临时表对象"tTemp"。

试按以下要求完成设计：

（1）创建一个查询，按所属院系统计学生的平均年龄，字段显示标题为"院系"和"平均年龄"，所建查询命名为"qT1"。

（2）创建一个查询，查找选课学生的"姓名"和"课程名"两个字段内容，所建查询命名为"qT2"。

（3）创建一个查询，查找有选修课程的课程相关信息，输出其"课程名"和"学分"两个字段内容，所建查询命名为"qT3"。

（4）创建删除查询，将表对象"tTemp"中年龄值高于平均年龄（不含平均年龄）的学生记录删除，所建查询命名为"qT4"。

四、综合操作题（共 1 题，合计 18 分）

考生文件夹下存在一个数据库文件"samp3.accdb"，里面已经设计好窗体对象"fStaff"。试在此基础上按照以下要求补充窗体设计：

（1）在窗体的窗体页眉节区位置添加一个标签控件，名称为"bTitle"，标题显示为"员工信息输出"。

（2）在主体节区位置添加一个选项组控件，命名为"opt"，选项组标签显示内容为"性别"，名称为"bopt"。

（3）在选项组内放置两个单选按钮控件，选项按钮分别命名为"opt1"和"opt2"，选项按钮标签显示内容分别为"男"和"女"，名称分别为"bopt1"和"bopt2"。

（4）在窗体页脚节区位置添加两个命令按钮，分别命名为"bOk"和"bQuit"，按钮标题分别为"确定"和"退出"。

（5）将窗体标题设置为"员工信息输出"。

注意：不允许修改窗体对象"fStaff"中已设置好的属性。

模拟试卷 4

一、单项选择题（每小题 1 分，合计 40 分）

1. 下列关于栈和队列的描述中，正确的是（   ）。
   A. 栈是先进先出
   B. 队列是先进后出
   C. 队列允许在队头删除元素
   D. 栈在栈顶删除元素

2. 已知二叉树后序遍历序列是 CDABE，中序遍历序列是 CADEB，它的前序遍历序列是（   ）。
   A. ABCDE
   B. ECABD
   C. EACDB
   D. CDEAB

3. 在数据流图中，带有箭头的线段表示的是（　　　　）。

    A. 控制流　　　　　B. 数据流　　　　　C. 模块调用　　　　　D. 事件驱动

4. 结构化程序设计的 3 种结构是（　　　　）。

    A. 顺序结构，分支结构，跳转结构

    B. 顺序结构，选择结构，循环结构

    C. 分支结构，选择结构，循环结构

    D. 分支结构，跳转结构，循环结构

5. 下列方法中，不属于软件调试方法的是（　　　　）。

    A. 回溯法　　　　　B. 强行排错法　　　　　C. 集成测试法　　　　　D. 原因排除法

6. 下列选项中，不属于模块间耦合的是（　　　　）。

    A. 内容耦合　　　　　B. 异构耦合　　　　　C. 控制耦合　　　　　D. 数据耦合

7. 在数据库设计中，将 E-R 图转换成关系数据模型的过程属于（　　　　）。

    A. 需求分析阶段　　　　　　　　　　　B. 概念设计阶段

    C. 逻辑设计阶段　　　　　　　　　　　D. 物理设计阶段

8. 在一棵二叉树上，第 5 层的结点数最多是（　　　　）。

    A. 8　　　　　B. 9　　　　　C. 15　　　　　D. 16

9. 下列有关数据库的描述，正确的是（　　　　）。

    A. 数据库设计是指设计数据库管理系统

    B. 数据库技术的根本目标是要解决数据共享的问题

    C. 数据库是一个独立的系统，不需要操作系统的支持

    D. 数据库系统中，数据的物理结构必须与逻辑结构一致

10. 如果表 A 中的一条记录与表 B 中的多条记录相匹配，且表 B 中的一条记录与表 A 中的一条记录相匹配，则表 A 与表 B 存在的关系是（　　　　）。

    A. 一对一　　　　　B. 一对多　　　　　C. 多对一　　　　　D. 多对多

11. 用于打开查询的宏命令是（　　　　）。

    A. OpenForm　　　　　B. OpenTable　　　　　C. OpenReport　　　　　D. OpenQuery

12. 在 "student" 表中，"姓名" 字段的字段大小为 10，则在此列输入数据时，最多可输入的汉字数和英文字符数分别是（　　　　）。

    A. 5　　　5　　　　　B. 10　　　10　　　　　C. 5　　　10　　　　　D. 10　　　20

13. "是/否" 数据类型常被称为（　　　　）。

    A. 真/假型　　　　　B. 对/错型　　　　　C. I/O 型　　　　　D. 布尔型

14. 要求主表中没有相关记录时就不能将记录添加到相关表中，则应该在表关系中设置（　　　　）。

    A. 参照完整性　　　　　　　　　　　B. 有效性规则

    C. 输入掩码　　　　　　　　　　　　D. 级联更新相关字段

15. 以下的 SQL 语句中，（　　　　）语句用于创建表。

    A. CREATE TABLE　　　　　　　　　B. CREATE INDEX

    C. ALTER TABLE　　　　　　　　　　D. DROP

16. 在窗体中添加了一个文本框和一个命令按钮（名称分别为 Text1 和 Command1），

并编写了相应的事件过程。运行此窗体后，在文本框中输入一个字符，则命令按钮上的标题变为"Access 模拟"。以下能实现上述操作的事件过程是（　　　）。

 A. Private Sub Command1_Click()
   Caption="Access 模拟"
  End Sub

 B. Private Sub Text1_Click()
   Command1.Caption="Access 模拟"
  End Sub

 C. Private Sub Command1_Change()
   Caption="Access 模拟"
  End Sub

 D. Private Sub Text1_Change()
   Command1.Caption="Access 模拟"
  End Sub

17. 在 Access 中已建立了"学生"表，表中有"学号""姓名""性别"和"入学成绩"等字段。执行如下 SQL 命令：Select 性别, avg(入学成绩) From 学生 Group By 性别，其结果是（　　　）。

 A. 计算并显示所有学生的性别和入学成绩的平均值
 B. 按性别分组计算并显示性别和入学成绩的平均值
 C. 计算并显示所有学生的入学成绩的平均值
 D. 按性别分组计算并显示所有学生的入学成绩的平均值

18. 执行 x=InputBox("请输入 x 的值")时，在弹出的对话框中输入 12，在列表框 List1 中选中第一个列表项，假设该列表项的内容为 34，使 y 的值是 1234 的语句是（　　　）。

 A. y=Val(x)+Val((List1.List(0))   B. y=Val(x)+Val(List1.List(1))
 C. y=Val(x)&Val(List1.List(0))   D. y=Val(x)&Val(List1.List(1))

19. 在 Access 的数据库中已建立了"Book"表，若查找"图书 ID"是"TP132.54"和"TP138.98"的记录，应在查询设计视图的准则行中输入（　　　）。

 A. "TP132.54" and "TP138.98"   B. NOT("TP132.54","TP138.98")
 C. NOT IN("TP132.54","TP138.98") D. IN("TP132.54","TP138.98")

20. 若要查询课程名称为 Access 的记录，在查询设计视图对应字段的准则中，错误的表达式是（　　　）。

 A. Access   B. "Access"   C. "*Access*"   D. Like"Access"

21. 将表 A 的记录添加到表 B 中，要求保持表 B 中原有的记录，可以使用的查询是（　　　）。

 A. 选择查询   B. 生成表查询 C. 追加查询   D. 更新查询

22. 若要查询成绩为 85～100 分（包括 85 分，不包括 100 分）的学生的信息，查询准则设置正确的是（　　　）。

 A. >84 or <100   B. Between 85 with 100
 C. IN（85，100.   D. >=85 and <100

23. 若要确保输入的出生日期值格式必须为短日期，应将该字段的输入掩码设置为（　　　）。

  A. 0000/99/99   B. 9999/00/99

  C. 0000/00/00   D. 9999/99/99

24. 定义字段默认值的含义是（　　　　）。

  A. 不得使该字段为空

  B. 不允许字段的值超出某个范围

  C. 在未输入数据之前系统自动提供的数值

  D. 系统自动把小写字母转换为大写字母

25. Access 数据库中，主要用来输入或编辑文本型或数字型字段数据、位于窗体设计工具的控件组中的一种交互式控件是（　　　　）。

  A. 标签控件   B. 组合框控件

  C. 复选框控件   D. 文本框控件

26. 主要针对控件的外观或窗体的显示格式而设置的是（　　　）选项卡中的属性。

  A. 格式   B. 数据   C. 事件   D. 其他

27. 在宏的调试中，可以配合使用设计器上的工具按钮（　　　　）。

  A. "调试"   B. "条件"   C. "单步"   D. "运行"

28. 在一个数据库中已经设置了自动宏 AutoExec，如果在打开数据库的时候不想执行这个自动宏，正确的操作是（　　　　）。

  A. 按【Enter】键打开数据库   B. 打开数据库时按住【Alt】键

  C. 打开数据库时按住【Ctrl】键   D. 打开数据库时按住【Shift】键

29. 定义了二维数组 A(1 to 6,6)，则该数组的元素个数为（　　　　）。

  A. 24 个   B. 36 个   C. 42 个   D. 48 个

30. 用于获得字符串 S 从第 3 个字符开始的 2 个字符的函数是（　　　　）。

  A. Mid(S,3,2)   B. Middle(S,3,2)

  C. Left(S,3,2)   D. Right(S,3,2)

31. 在一个宏的操作序列中，如果既包含带条件的操作，又包含无条件的操作，则没有指定条件的操作会（　　　　）。

  A. 不执行   B. 有条件执行

  C. 无条件执行   D. 出错

32. 表达式 1+3\2>1 Or 6 Mod 4<3 And Not 1 的运算结果是（　　　　）。

  A. -1   B. 0   C. 1   D. 其他

33. 下面关于模块的说法中，正确的是（　　　　）。

  A. 模块都是由 VBA 的语句段组成的集合

  B. 基本模块分为标准模块和类模块

  C. 在模块中可以执行宏，但是宏不能转换为模块

  D. 窗体模块和报表模块都是标准模块

34. 假定有以下程序段：

```
n=0
for i=1 to 4
   for j=3 to 1 step 1
```

```
        n=n+1
    next j
  next i
```

运行完毕后 n 的值是（　　）。

A. 12　　　　　　　　B. 15　　　　　　　　C. 16　　　　　　　　D. 20

35. 有如下语句：

```
s = Int(100 *Rnd)
```

执行完毕，s 的值是（　　）。

A. [0,99]的随机整数　　　　　　　　　　　B. [0,100]的随机整数

C. [1,99]的随机整数　　　　　　　　　　　D. [1,100]的随机整数

36. 在窗体中添加一个名称为 Command1 的命令按钮，然后编写如下事件代码：

```
Private Sub Command1_Click()
    A=75
    If A<60 Then x=1
    If A<70 Then x=2
    If A<80 Then x=3
    If A<90 Then x=4
    MsgBox x
End Sub
```

窗体打开运行后，单击命令按钮，则消息框的输出结果是（　　）。

A. 1　　　　　　　　　B. 2　　　　　　　　　C. 3　　　　　　　　　D. 4

37. 在窗体上添加一个命令按钮，然后编写其单击事件过程为：

```
For i=1 To 3
  x=4
  For j=1 To 4
    x=3
    For k=1 To 2
      x=x+5
    Next k
  Next j
Next i
MsgBox x
```

则单击命令按钮后消息框的输出结果是（　　）。

A. 7　　　　　　　　　B. 8　　　　　　　　　C. 9　　　　　　　　　D. 13

38. 下面程序运行后，输出结果为（　　）。

```
Dim a()
a=Array(1,3,5,7,9)
s=0
For i=1 To 4
  s=s*10+a(i)
Next i
Print s
```

A. 1357　　　　　　　　B. 3579　　　　　　　　C. 7531　　　　　　　　D. 9753

39. 在窗体中添加一个名称为 Command1 的命令按钮，然后编写如下程序：

```
Public x As Integer
```

```
Private Sub Command1_Click()
    x = 10
    Call s1
    Call s2
MsgBox x
End Sub
Private Sub s1()
    x = x + 20
End Sub
Private Sub s2()
    Dim x As Integer
    x = x+20
End Sub
```

窗体打开运行后，单击命令按钮，则消息框的输出结果为（ ）。

A. 10   B. 30   C. 40   D. 50

二、基本操作题（共 1 题，合计 18 分）

在考生文件夹下，"samp1.accdb"数据库文件中已建立表对象"tVisitor"，同时在考生文件夹下还存有"exam.accdb"数据库文件。试按以下操作要求，完成表对象"tVisitor"的编辑和表对象"tLine"的导入：

（1）设置"游客 ID"字段为主键。

（2）设置"姓名"字段为"必填"字段。

（3）设置"年龄"字段的"有效性规则"属性为"大于等于 10 且小于等于 60"，"有效性文本"属性为"输入的年龄应在 10 岁到 60 岁之间，请重新输入。"。

（4）在编辑完的表中输入如下一条新记录，其中"照片"字段数据设置为考生文件夹下的"照片 1.bmp"图像文件，如图 3-9 所示。

游客 ID	姓名	性别	年龄	电话	照片
001	李霞	女	20	123456	

图 3-9 含"照片"字段的表

（5）将"exam.accdb"数据库文件中的表对象"tLine"导入到"samp1.accdb"数据库文件内，表名不变。

三、简单应用题（共 1 题，合计 24 分）

考生文件夹下存在一个数据库文件"samp2.accdb"，里面已经设计好"tTeacher1"和"tTeacher2"两个表对象及一个宏对象"mTest"。试按以下要求完成设计：

（1）创建一个查询，查找并显示教师的"编号""姓名""性别""年龄"和"职称"5 个字段内容，所建查询命名为"qT1"。

（2）创建一个查询，查找并显示没有在职的教师的"编号""姓名"和"联系电话"3 个字段内容，所建查询命名为"qT2"。

（3）创建一个查询，将"tTeacher1"表中年龄小于等于 45 的党员教授或年龄小于等于 35 的党员副教授记录追加到"tTeacher2"表的相应字段中，所建查询命名为"qT3"。

（4）创建一个窗体，命名为"fTest"。将窗体"标题"属性设为"测试窗体"；在窗体的主体节区添加一个命令按钮，命名为"btnR"，按钮标题为"测试"；设置该命令按钮的单击事件属性为给定的宏对象"mTest"。

四、综合操作题（共 1 题，合计 18 分）

考生文件夹下存在一个数据库文件"samp3.accdb"，里面已经设计好表对象"tStud"和"tScore"，同时还设计出窗体对象"fStud"和子窗体对象"fScore 子窗体"。请在此基础上按照以下要求补充"fStud"窗体和"fScore 子窗体"的设计：

（1）在"fStud"窗体的窗体页眉节区距左边 2.5cm、上边 0.3cm 处添加一个宽 6.5cm、高 0.95cm 的标签控件（名称为 bTitle），标签控件上的文字为"学生基本情况浏览"，颜色为"蓝色"（蓝色代码为 16711680）、字体名称为"黑体"、字号大小为 22。

（2）将"fStud"窗体边框改为"细边框"样式，取消窗体中的水平和垂直滚动条、最大化按钮和最小化按钮；取消子窗体中的记录选择器、浏览按钮（导航按钮）和分隔线。

（3）在"fStud"窗体中有一个年龄文本框和一个退出命令按钮，名称分别为"tAge"和"CmdQuit"。年龄文本框的功能是显示学生的年龄，对年龄文本框进行适当的设置，使之能够实现此功能；退出命令按钮的功能是关闭"fStud"窗体，请按照 VBA 代码中的指示将实现此功能的代码填入指定的位置中。

（4）假设"tStud"表中，"学号"字段的第 5 位和第 6 位编码代表该生的专业信息，当这两位编码为"10"时表示"信息"专业，为其他值时表示"经济"专业。对"fStud"窗体中名称为"tSub"的文本框控件进行适当设置，使其根据"学号"字段的第 5 位和第 6 位编码显示对应的专业名称。

（5）在"fStud"窗体和"fScore 子窗体"中各有一个平均成绩文本框控件，名称分别为"txtMAvg"和"txtAvg"，对两个文本框进行适当设置，使"fStud"窗体中的"txtMAvg"文本框能够显示出每名学生所选课程的平均成绩。

注意：不允许修改窗体对象"fStud"和子窗体对象"fScore 子窗体"中未涉及的控件、属性和任何 VBA 代码；不允许修改表对象"tStud"和"tScore"。

只允许在"*****Add*****"与"*****Add*****"之间的空行内补充一条语句，不允许增删和修改其他位置已存在的语句。

模拟试卷 1 参考答案及解析

一、单项选择题

1. C。数据库的设计阶段包括需要分析、概念设计、逻辑设计和物理设计，其中将 E-R 图转换成关系数据模型的过程属于逻辑设计阶段。

2. C。A 是加载窗体，B 是卸载窗体，D 是激活窗体，Exit 是表示中断或循环与判断的退出，而不是窗体事件。

3. B。本题要求在空白处填入 SQL 语句，实现将"学生"表中的"年龄"字段值加 1，故应用关键字"Update"与"Set"组合，因此本题正确答案为 Update 学生 Set 年龄=年龄+1。

4. C。本题考查 DO…WHILE，当 i=0 时，先执行 i=i+1，再判断 while 中的 i<10，当结果为 i=1，2，3，4，5，6，7，8，9，10 的时候才会满足，所以答案选择 C。

5. C。RecordSet 对象用来操作来自提供者的数据。使用 ADO 时，通过 RecordSet 对象可对几乎所有数据进行操作。所有 RecordSet 对象均使用记录(行)和字段(列)进行构造。

6. B。DCount 函数可用于确定指定记录集中的记录数；DLookup 函数可用于从指定记录集获取特定字段的值；DMax 函数可用于确定指定记录集中的最大值；DSum 函数可用于计算指定记录集中值集的总和。

7. B。Access 的结构层次是数据库→数据表→记录→字段。

8. C。数据的存储结构有顺序存储结构和链式存储结构两种。不同存储结构的数据处理效率不同。由于链表采用链式存储结构，元素的物理顺序并不连续，对于插入和删除无需移动元素，很方便，当查找元素时就需要逐个元素查找，因此查找的时间更长。

9. B。本题考查关系数据库中实体之间的联系。实体之间的联系有 3 种：一对一、一对多和多对多。每位教师只对应一个职称，而一个职称可以有多位教师，从而看出本题应为一对多的联系。

10. D。根据题意"学历"字段的值只能是四项之一，所以可以使用单选按钮，在选项中没有单选按钮，与单选按钮相近的是"组合框"，组合框可以产生一个下拉框选择一个，所以答案选择 D。

11. C。本题第一个内层循环，m 的值为 24-18=6，n 的值为 18；第二个内层循环，m 的值为 6，n 的值为 18-6=12；第三个内层循环，m 的值为 6，n 的值为 12-6=6。

12. A。窗体用来设计用户操作界面，报表和查询用于输出数据，表可以输入数据，但不可以设计界面。

13. A。本题考察的是运算关系，A 项结果为两个日期相差的天数，为数值类型。

14. C。Do While Loop 和 Do Loop Unit 是两种基本的循环语句，Do While Loop 循环是当型循环，满足 while 条件即执行循环，Do Loop Unit 循环是直到型循环语句。

15. A。当数据源为函数表达式时，若函数处理对象为表字段，应将表字段用 [ ] 符号框起来。

16. B。在 VBA 中，过程的调用可以进行嵌套，但过程的定义不能够嵌套。

17. A。数据的逻辑结构用于描述数据之间的关系，分两大类：线性结构和非线性结构。线性结构是 n 个数据元素的有序(次序)集合，指的是数据元素之间存在着"一对一"的线性关系的数据结构。常用的线性结构有：线性表，栈，队列，双队列，数组，串。非线性结构的逻辑特征是一个结点元素可能对应多个直接前驱和多个后继。常见的非线性结构有：树(二叉树等)，图(网等)，广义表。

18. D。关系的并运算是指由结构相同的两个关系合并，形成一个新的关系，其中包含两个关系中的所有元素。由题可以看出，T 是 R 和 S 的并运算得到的。

19. A。软件测试的目的是为了发现错误及漏洞而执行程序的过程。软件测试要严格执行测试计划。程序调式通常也称 Debug，对被调试的程序进行"错误"定位是程序调试的必要步骤。

20. C。按钮可用应设置按钮的 Enabled 属性，按钮不可见应设置按钮的 Visible 属性。

21. D。算法分析是指对一个算法的运行时间和占用空间做定量的分析，计算相应的数量级，并用时间复杂度和空间复杂度表示。分析算法的目的就是要降低算法的时间复杂度和空间复杂度，提高算法的执行效率。

22．A。选择"RunApp"命令。参数中先指定 word.exe 文件的路径，然后再指定想打开的那个 word 文档。

23．B。输入 80 时，满足 Case 60 To 84 条件，因此输出通过。

24．D。本题考查 For 循环和变量赋值问题，虽然 For i=1 To 4 执行了 4 次，但是，每次都为 x 重新赋值了，所以最终的输出结果为执行 2×3 次 x=x+3 的结果，即为 21。

25．C。数字、文本、时间/日期属于 Access 数据类型，而报表可用来设计数据的显示方式，不属于数据类型。

26．A。由图 3-1 可知，在报表中存在一个课程名称页眉，只有对字段进行分组后才会出现该字段的页眉，所以应该对课程名称字段进行分组。

27．B。Access 中的 Tab 键索引属性可以设定光标跳转顺序。

28．C。PrintOut 为打印输出的意思，OutputTo 命令是输出报表中的复选框，SetWarnings 是宏命令，操作打开或关闭系统消息，MsgBox 是在对话框中显示消息，或弹出一个消息(或通知)。所以本题答案为 C。

29．C。E-R 图即实体联系图(Entity Relationship Diagram)，提供了表示实体型、属性和联系的方法，用来描述现实世界的概念模型，构成 E-R 图的基本要素是实体型、属性和联系，其表示方法为：①实体型(Entity)：用矩形表示，矩形框内写明实体名；②属性(Attribute)：用椭圆形表示，并用无向边将其与相应的实体连接起来；③联系(Relationship)：用菱形表示，菱形框内写明联系名，并用无向边分别与有关实体连接起来，同时在无向边旁标上联系的类型(1∶1，1∶n 或 m∶n)。

30．A。在模块的声明部分使用"Option Base 1"语句，其含义是在定义数组的时候没有写下界时的默认下界值，如果是 Option Base 5，则 dim a(20)，实际上就是 dim a(5 to 20)；如果已经明确指定了下界，Option Base 的默认值就不再起作用，所以这是一个 4*5 的数组。

31．C。SQL 中 between…and 为范围条件，不含两端，故选 C。

32．D。VBA 中调用子过程是用 Call 关键字加子过程名以及实参。

33．A。本题考查基本函数，将一个数转换成相应的字符串的函数是 STR 函数，所以答案选择 A。

34．B。图中有"追加到"这一行，因此是追加查询。

35．C。本题考查控件来源的知识。控件来源必须以"="引出，控件来源可以设置成有关字段的表达式，但是字段必须用"[]"括起来。

36．C。程序流程图中，带箭头的线段表示控制流，矩形表示加工步骤，菱形表示逻辑条件。

37．C。因为 num 被定义成 Integer 类型的变量，所以依据判断(num/2)的值是否与其整数部分相等(即是否能被 2 整除)，能够判断 num 的奇偶性。

38．B。基本的 SQL 考查。

39．D。此 sub 的作用是输出个位上的数、十位上的数相加和为 10 的数，其中 Y Mod 10 是求出个位上的数，y/10 是求出十位上的数。

40．C。本题考查的是 InStr 函数。InStr 函数的格式为：InStr(字符表达式 1，字符表达式 2[，数值表达式])其功能是检索字符表达式 2 在字符表达式 1 中最早出现的位置，返回整数，若没有符合条件的数，则返回 0。本题查询的条件是在简历字段中查找是否出现了"篮球"字样。应使用关键词"Like"；在"篮球"的前后都加上"*"，代表要查找的是"篮球"前面或后面有多个或 0 个字符的数据，这样也就是查找所有简历中包含"篮球"的记录。

二、基本操作题

审题分析:①主要考查表的重命名操作，比较简单，属于 Windows 基本操作；②考查两个知识点，其一：表的主键的设置，其二：字段标题的添加；③考查字段属性中"索引"设置。希望考生能了解三种索引的含义；④考查表结构的调整，其中包括字段的修改与添加、数据类型的修改等；⑤考查字段属性的"掩码"的设置方法；⑥主要考查字段的显示与隐藏的设置的方法。

操作步骤：

（1）步骤 1：打开"samp1.accdb"数据库，在"文件"功能区中选中"学生基本情况"表。

步骤 2：在"学生基本情况"表上单击右键，在快捷菜单中选择"重命名"命令，修改表名为"tStud"。

（2）步骤 1：右击"tStud"表，选择"设计视图"快捷菜单命令。在表设计视图窗口下单击"身份 ID"所在行，右键单击鼠标，在快捷菜单中选择"主键"命令。

步骤 2：在下方"字段属性"的"标题"行输入：身份证，如图 3-10 所示。单击快速访问工具栏中的"保存"按钮。

图 3-10　添加字段标题

（3）步骤 1：在"tStud"表的设计视图中单击"姓名"所在行。单击"字段属性"中的"索引"所在行，在下拉列表选择"有（有重复）"选项，如图 3-11 所示。

图 3-11　索引设置

　　步骤 2：单击快速访问工具栏中的"保存"按钮。

　　（4）步骤 1：在"tStud"表的设计视图中单击"语文"所在行。右键单击鼠标，在弹出的快捷菜单中选择"插入行"命令。在插入的空行中输入：电话，对应的数据类型选择"文本"。在"字段属性"中修改"字段大小"为：12。

　　步骤 2：单击快速访问工具栏中的"保存"按钮，关闭该表的设计视图。

　　（5）步骤 1：在"tStud"表的设计视图中单击"电话"所在行。在"字段属性"的"输入掩码"所在行输入："010-"00000000。如果考生对某些符号所表示掩码的含义不是很了解，请结合教材熟悉此考点。在此"0"代表 0~9 的数字，如图 3-12 所示。

图 3-12　掩码设置

步骤 2：单击快速访问工具栏中的"保存"按钮，关闭设计视图。

（6）步骤 1：双击打开"tStud"表，在"开始"功能区中，单击"记录"区域中"其他"按钮旁边的下拉箭头，在弹出的下拉列表中选择"取消隐藏字段"菜单命令，打开"取消隐藏字段"对话框。

步骤 2：在"取消掩藏字段"对话框中勾选"编号"复选框。关闭"取消掩藏字段"对话框。

步骤 3：单击快速访问工具栏中的"保存"按钮，关闭"samp1.accdb"数据库。

三、简单应用题

（1）审题分析：本题考查一般的条件查询。

操作步骤：

步骤 1：打开"samp2.accdb"数据库，单击"创建"→"查询"→"查询设计"按钮，系统弹出查询设计器。在"显示表"对话框中双击"tStud"表，将表添加到查询设计器中，关闭"显示表"对话框。双击"tStud"表的"姓名""性别""入校时间"和"政治面目"字段，在"政治面目"条件中输入："党员"，作为条件字段不需要显示，取消"显示"行复选框的勾选，如图 3-13 所示。

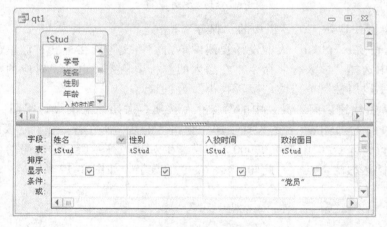

图 3-13　选择查询

步骤 2：单击"文件"→"结果"分组中的"运行"按钮，执行查询操作。单击快速访问工具栏中的"保存"按钮，保存查询文件名为"qT1"，单击"确定"按钮，关闭"qT1"查询窗口。

（2）审题分析：本题考查两个知识点：其一是参数查询，其二是在查询中计算每个同学的平均成绩。

操作步骤：

步骤 1：单击"创建"→"查询"→"查询设计"按钮，系统弹出查询设计器。在"显示表"对话框中双击"tScore"表，将表添加到查询设计器中，关闭"显示表"对话框。分别双击"tScore"表中的"学号"和"成绩"字段。

步骤 2：单击"查询工具/设计"→"显示/隐藏"→"汇总"按钮，将出现"总计"行。修改"成绩"字段标题为"平均分:成绩"。在"成绩"字段条件行输入：>[请输入要查询的分数:]。在"总计"行的下拉框中选择"平均值"，如图 3-14 所示。

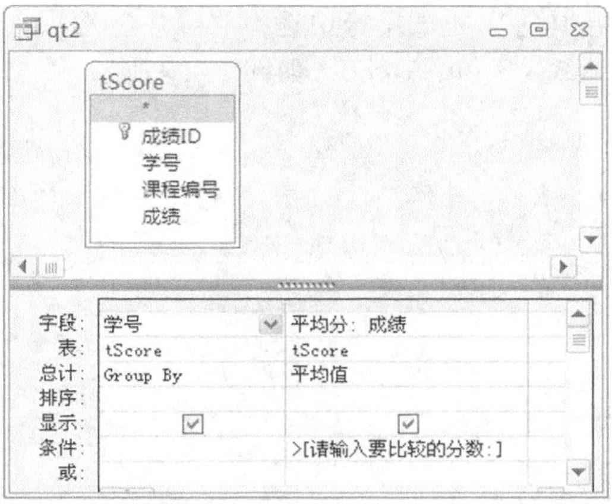

　　步骤 2：单击快速访问工具栏中的"保存"按钮，输入文件名"qT2",单击"确定"按钮，关闭 qT2 设计视图窗口。

　　（3）审题分析：本题考查交叉表和查询计算的结合，同时在整个查询中引入系统函数的使用：left（）从左侧开始取出若干个字符、Avg（）求平均值、round（）四舍五入取整。这些系统函数需要考生熟练掌握。

　　操作步骤：

　　步骤 1：单击"创建"→"查询"→"查

图 3-14　参数查询

询设计"按钮，系统弹出查询设计器。在"显示表"对话框中分别双击 tScore 和 tCourse 表，将表添加到查询设计器中，关闭"显示表"对话框。

　　步骤 2：单击"查询工具/设计"→"查询类型"→"交叉表"按钮，将出现"交叉表"行。添加标题"班级编号:left（学号,8）"，在"交叉表"行中选择"行标题"，此计算结果作为交叉表行；双击"tCourse"表的"课程名"字段，在"课程名"列的"交叉表"行中选择"列标题";输入第 3 列的字段标题:Round(Avg（ [成绩])),在"总计"行中选择"Expression"，在"交叉表"行中选择"值"，此计算结果作为交叉表的值，如图 3-15 所示。

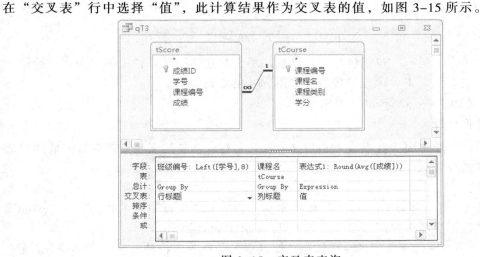

图 3-15　交叉表查询

　　步骤 3：单击"运行"按钮。单击快速访问工具栏中的"保存"按钮，输入文件名"qT3"，单击"确定"按钮，关闭 qT3 的查询窗口。

　　（4）审题分析：本题考查生成表查询，其特点是查询的结果存储到一个表。

　　操作步骤：

　　步骤 1：打开"samp2.accdb"数据库，单击"创建"→"查询"→"查询设计"按钮，系统弹出查询设计器。添加 tStud、tCourse、tScore 表到查询设计器中，关闭"显示表"对话框。在 tStud 表中双击"学号""姓名""性别"字段；在 tCourse 表中双击"课程名"，在其对应的排序行中选择"降序"选项；在 tScore 表中双击"成绩"，在其对应的条件行内输入：>=90 or <60，如图 3-16 所示。

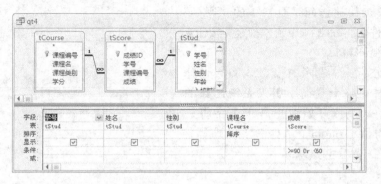

图 3-16   添加生成表

步骤 2：单击"查询工具-设计"→"查询类型"→"生成表"按钮，在"生成表"对话框中输入表名"tnew"，单击"确定"按钮，如图 3-17 所示。

图 3-17   生成表查询

步骤 3：单击"运行"按钮执行查询操作。单击快速访问工具栏中的"保存"按钮，输入文件名"qT4"。单击"确定"按钮，关闭 qT4 的查询窗口。

步骤 4：关闭"samp2.accdb"数据库窗口。

四、综合操作题

审题分析：本题主要考查报表下的控件的设计和控件功能的实现、控件数据源的添加以及报表的样式设置。

操作步骤：

（1）步骤 1：打开"samp3.accdb"数据库窗口。单击"开始"→"报表"→"rStud"报表，选择"设计视图"快捷菜单命令，打开 rStud 的设计视图。

步骤 2：单击"报表设计工具-设计"功能区中的"标签"控件，然后在"报表页眉"节区单击鼠标，在光标闪动处输入：97 年入学学生信息表。右键单击标签控件，在弹出的快捷菜单中选择"属性"命令。在"属性表"对话框中修改名称为"bTitle"，如图 3-18 所示。

（2）步骤 1：单击"报表设计工具-设计"→"文本框"控件，然后在报表的"主体"节区拖出一个文本框（删除文本框前新增的标签）。

步骤 2：选中文本框，在"属性表"对话框中修改"名称"为"tname"，单击"控件来源"所在行，从下拉列表中选择"姓名"，修改"上边距"为 0.1cm、"左"为 3.2cm，如图 3-19 所示。（注：此处系统会自动设置 3 位小数位，不影响结果）

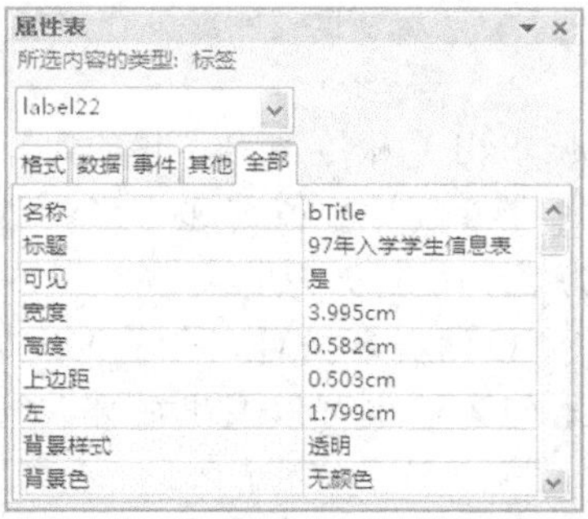

图 3-18　标签属性设置

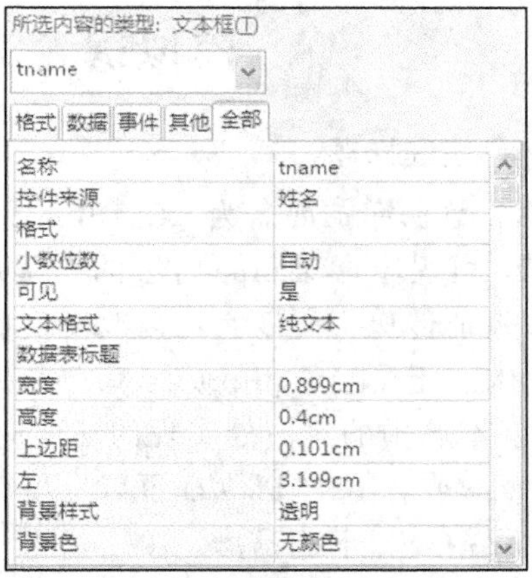

图 3-19　文本框属性设置

（3）步骤 1：单击"报表设计工具−设计"→"文本框"控件，然后在页面页脚节区拖出一个文本框（删除文本框前出现的标签）。

步骤 2：选中文本框，在"属性表"对话框内修改"名称"为 tDa。在"控件来源"行中输入计算表达式：=year(date())&"年"&month(date())&"月"，修改"上边距"为 0.3cm、"左"为 10.5cm。

（4）步骤 1：在"rStud"报表的设计视图中，单击"报表设计工具−设计"→"分组和排序"按钮，在底部的"分组、排序和汇总"区中选择"添加组"项，然后从弹出的列表中选择"表达式"选项，接着在弹出的"表达式生成器"对话框中输入表达式：=Mid（[编号],1,4），单击"确定"按钮，此时，报表设计区中出现一个新的报表带区：=Mid（[编号],1,4）页脚，如图 3-20 所示。

步骤 2：在"=Mid([编号],1,4) 页脚"区新增一个文本框控件（删除文本框前出现的标签），在"属性表"对话框内修改文本框名称为"tAvg"，在"控件来源"行内输入：=Avg（[年龄]），如图 3-21 所示。保存"rStud"报表的设计，关闭其窗口，并关闭"samp3.accdb"数据库窗口。

图 3-20　表达式生成器

图 3-21　文本属性设置

模拟试卷 2 参考答案及解析

一、单项选择题

1. A。数据库扩展名为 ACCDB 的文件。

2. A。由程序可知 proc 过程的作用是将参数的个位求出并赋给本身。它的第一个参数是默认按地址传递，所以它可以改变实参的值，而第二个参数是按值传递，形参的改变对实参无影响。于是当 Call proc（X，Y）后 X 由 12 变为 2，而 Y 仍为 32。

3. C。本题中的空白处实现的功能应该是结束循环，根据循环条件可知，无论是把 flag 设置为 False 或者 NOT Flag 都可以退出循环，Exit Do 语句当然也可以退出循环，但 C 选项则会造成死循环，不能退出。

4. C。Access 中货币类型是数字数据类型的特殊类型，等价于具有双精度属性的数字字段类型。向货币字段输入数据时，不必键入人民币符号和千位处的逗号，Access 会自动显示人民币符号和逗号，并添加两位小数到货币字段。当小数部分多于两位时，Access 会对数据进行四舍五入。精确度为小数点左方 15 位数及右方 4 位数。

5. B。本题考查字段的输入掩码的知识。输入掩码中的字符"9"可以选择输入数字或空格；"L"表示必须输入字母 A～Z；"#"表示可以选择输入数据和空格，在编辑模式下空格以空白显示，但是保存数据时将空白删除，允许输入"+"或"–"；"C"表示可以选择输入任何数据和空格。

6. B。INT 函数是对其参数取整数部分，舍弃小数部分。

7. B。栈是限定在一端进行插入和删除的"先进后出"的线性表，其中允许进行插入和删除元素的一端称为栈顶。

8. B。int（）函数的功能是取一个数的整数部分，将千分位四舍五入后再加上 0.005，判断是否能进位，并截取去掉千分位的部分。

9. A。A 选项是正确的，因为相同的单击事件，可能会执行不同的过程。B 选项中，每个对象的事件可能是相同的，同样的单击按钮，事件可能都为单击事件。C 选项中，事件可以由用户触发，也可以由系统触发，同样也能进行调用。D 选项中，事件都是由系统定义好的，而不是程序员决定的。

10. C。对数据输入无法起到约束作用的是字段名称，而输入掩码、有效性规则和数据类型对数据的输入都能起到约束作用。

11. C。数据流程图是一种结构化分析描述模型，用来对系统的功能需求进行建模。

12. D。数据流图是一种从输入到输出的移动变换过程。用带箭头的线段表示数据流，沿箭头方向表示传递数据的通道，一般在旁边标注数据流名。

13. D。在 SQL 查询中，"GROUP BY"的含义是指对查询出来的记录进行分组操作。

14. D。一个读者可对应多本书，故为一对多关系。

15. C。Do…Loop 循环可以先判断条件，也可以后判断条件，但是条件式必须跟在 While 语句或者 Until 语句的后面。

16. A。软件生命周期（SDLC，Systems Development Life Cycle，SDLC）是软件的产生直到报废的生命周期，周期内有问题定义、可行性分析、总体描述、系统设计、编码、调试和测试、验收与运行、维护升级到废弃等阶段。

17．D。有关导入、导出数据的命令主要有：①TransferDatabase：用于从其他数据库导入和导出数据；②TransferText，用于从文本文件导入和导出数据。

18．A。一个宏可以包含多个操作，但多个操作不能一次同时完成，只能按照从上到下的顺序执行各个操作。

19．C。更新修改所使用的是 UPDATE，后面要修改的子句用 SET 关键字。

20．C。Echo 是否打开响应，RunSQL 执行指定的 SQL 语句，SetValue 对窗体控件的属性值进行修改或设定。Set 不是宏操作命令。

21．A。Sub 过程是子过程，可以执行一系列的操作，但是没有返回值，因此也没有返回值的类型。

22．C。对于任意一棵二叉树，如果其叶子结点数为 N0，而度数为 2 的结点总数为 N2，则 N0=N2+1。因此叶子结点为 24 个。在二叉树中，第 i 层的结点总数不超过 2^{i-1}；因此 i=6。

23．D。对象"更新前"事件，即当窗体或控件失去了焦点时发生的事件。

24．C。同时满足 X 和 Y 都是奇数，需要使用 And 操作符，其次奇数的表达式是对 2 求余数为 1。

25．B。result 函数的功能是对参数进行求余运算，当参数值为偶数时返回 true，返回值为布尔型，所以此题应选 B 选项。

26．D。本题是对几种运算的使用进行考查、笛卡尔积是两个集合相乘的关系，并运算是包含两集合的所有元素，交运算是取两集合公共的元素，自然连接满足的条件是两关系间有公共域；通过公共域的相等直接进行连接。通过观察 3 个关系 R,S,T 的结果可知，关系 T 是由关系 R 和 S 进行自然连接得到的。

27．C。Do Until…Loop 循环结构是当条件为假时，重复执行循环体，直至条件表达式为真时结束循环。

28．D。强制分页图标为 D。

29．D。Form1 是窗体的默认名称，不能作为变量名称。

30．A。当文本框或组合框的文本部分的内容更改时，Change 事件发生。在选项卡控件中从一页移到另一页时，该事件也会发生。

31．C。Access 中的参数查询是利用对话框来提示用户输入准则的查询，它可以根据用户输入的准则来检索符合条件的记录，实现随机的查询需求。创建参数查询是在字段中使用"[]"指定一个参数。

32．D。left 属性是左边距，语句的意思是左边距加 100，因此是标签向右移动 100。

33．A。本题主要考查报表的计算字段，计算控件的控件来源必须是以等号开头的表达式，表达式中的字段名要用方括弧括起来。

34．D。根据二叉树的性质，n=n0+n1+n2（n 表示总结点数，n0 表示叶子结点数，n1 表示度数为 1 的结点数，n2 表示度数为 2 的结点数），而叶子结点数总是比度数为 2 的结点数多 1。所以 n2=n1-1=5-1=4，而 n=25，所以 n1=n-n0-n2=25-5-4=16。

35．A。当查询准则等于 A 或者等于 B 时，可以用"A Or B"或 IN（A，B）来表达，不能用其他方法表达。

36．B。当循环结束时，i=5，n=3，a（n）=3，b（n）=2*3+5=11，因此 Text1=3+11=14。

37．C。DISTINCT 为排重。

38．B。需求分析的最终结果是生成软件需求规格说明书。

39．B。在数据库中建立索引，为了提高查询速度，一般并不改变数据库中原有的数据存储顺序，只是在逻辑上对数据库记录进行排序。

40．A。在 Access 中，如果不想显示数据表中的某些字段，可以使用隐藏命令来实现。

二、基本操作题（共 1 题，合计 18 分）

审题分析：（1）主要考查 Access 数据库中获取外来数据的方法。（2）主要考查表记录的删除，对表记录的批量删除。找出要删除的记录是非常关键的。一般要借助表的常用的数据处理："排序""筛选"等方法。（3）此题主要考查默认字段值的设置，这种方法对数据库的数据的添加起到非常好的作用。（4）主要考查表"分析"操作。这个操作主要实现表"结构"的拆分。（5）主要考查表与表之间联系的建立方法以及能够建立联系的两个表必须满足的条件。

操作步骤：

（1）步骤 1：打开"samp1.accdb"数据库，单击"外部数据"→"导入并链接"→"Excel"按钮。

步骤 2：在弹出的"获得外部数据-Excel 电子表格"对话框中，单击"浏览"按钮，在弹出的"打开"对话框内浏览"Stab.xls"文件所在的存储位置（考生文件夹下），选中"Stab.xls"Excel 文件，单击"打开"按钮。

步骤 3：接着在"获得外部数据-Excel 电子表格"对话框中选中"在表中追加一份记录的副本"项，并在其下方的列表框中选择"student"表，单击"确定"按钮。

步骤 4：系统弹出"导入数据表向导"对话框，此时默认的是 sheet1 表中的数据，不需要修改，单击"下一步"按钮，继续保持默认，单击"下一步"按钮，确认数据导入的是 student 表，单击"完成"按钮，最后单击"关闭"按钮，关闭向导。

（2）步骤 1：双击"student"表打开数据表视图。选中"出生日期"列，再单击"开始"→"排序和筛选"→"升序"按钮。在按照"出生年月"排序后的记录中连续选择出生年在 1975～1980 之间的记录，按【Del】键，确认删除记录。

步骤 2：单击快速访问工具栏中的"保存"按钮。

（3）右击 student 表，选择"设计视图"快捷菜单命令，打开表设计视图。

步骤 1：单击"性别"字段。在下方的"字段属性"的"默认值"所在行内输入"男"。

步骤 2：单击快速访问工具栏中的"保存"按钮保存设置，关闭表设计器。

（4）步骤 1：单击"数据库工具"→"分析"→"分析表"按钮，弹出"表分析向导"对话框。在对话框中直接单击"下一步"按钮，直到出现表选择向导界面，如图 3-22 所示，选中"student"表。

步骤 2：继续单击"下一步"按钮，选择"否，自行决定"单选框；再单击"下一步"按钮。在"表分析器向导"向导中拖出"院系"，在弹出对话框中修改"表 2"的名称为"toffice"，单击"确定"按钮，接着在向导界面右上部分单击"设置唯一标识符"按钮，设置"院系"字段设为"主键"；继续拖"院长""院办电话"字段到"toffice"中，如图 3-23 所示。

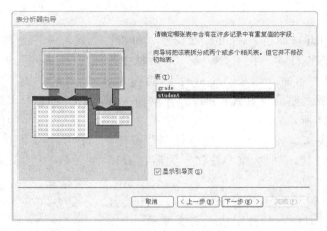

图 3-22　添加分析表

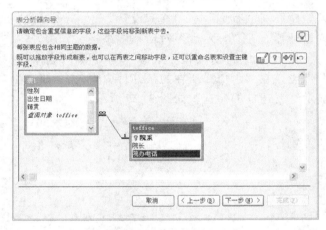

图 3-23　添加分析字段

步骤 3：单击"表 1"，向导界面右上部分单击"重命名表"按钮，将"表 1"修改名为"tStud"，单击"确定"按钮，在"tStud"表中选中"学号"字段，然后单击向导界面右上部分的"设置唯一标识符"按钮，设置"学号"字段为主键。继续单击"下一步"按钮，选中"否，不创建查询"项，单击"完成"按钮，关闭向导。

（5）步骤 1：单击"数据库工具"→"关系"分组→"关系"按钮，系统弹出"关系"窗口，在窗口内右击鼠标，选择"显示表"快捷菜单命令。在"显示表"对话框内分别双击"student"和"grade"表到关系窗口中。关闭"显示表"对话框。在"student"表中拖动"学号"字段到"grade"表中的"学号"处，在弹出的"编辑关系"对话框中单击"创建"按钮。

步骤 2：单击快速访问工具栏中的"保存"按钮。关闭"关系"窗口，关闭"samp1.accdb"数据库。

三、简单应用题（共 1 题，合计 24 分）

（1）审题分析：本题考查查询的基本方法的应用，如 max（）函数、min（）函数的使用方法。

操作步骤：

步骤 1：双击打开"samp2.accdb"数据库，单击"创建"→"查询"→"查询设计"按钮，系统弹出查询设计器。在"显示表"对话框中添加"tTeacher"表。关闭对话框。在"字段"所在行的第一列输入标题"m_age:"，再输入求最大年龄和最小年龄之差的计算式：max（[年龄]）-min（[年龄]），如图 3-24 所示。

步骤 2：单击快速访问工具栏中的"保存"按钮，输入"qT1"文件名，单击"确定"按钮，关闭"qT1"查询窗口。

（2）审题分析：本题考查一个比较简单的条件查询。值得注意的是，"学历"作为条件字段不需要显示。

操作步骤：

步骤 1：单击"创建"→"查询"→"查询设计"按钮，系统弹出查询设计器。在"显示表"对话框中添

图 3-24　选择查询

加"tTeacher"表。关闭"显示表"对话框。双击"tTeacher"表中的"编号""姓名""性别""系别""学历"字段。在"学历"所在的条件行内输入："研究生"。作为条件字段不需要显示，取消"显示"复选框的勾选，如图 3-25 所示。

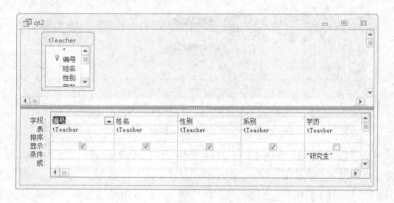

图 3-25　选择查询

步骤 2：单击快速访问工具栏中的"保存"按钮，输入"qT2"文件名，单击"确定"按钮，关闭"qT2"查询窗口。

（3）审题分析：本题考查多条件查询实现方法。同时要考生掌握"and""or""not"逻辑运算符的使用。注意："年龄"和"职称"字段虽然作为条件，但是查询中要显示这两个字段的信息，所以不能去掉"显示"项。

操作步骤：

步骤 1：单击"创建"→"查询"→"查询设计"按钮，系统弹出查询设计器。在"显示表"对话框中添加"tTeacher"表。关闭"显示表"对话框。双击"tTeacher"表中的"编号""姓名""性别""年龄""学历""职称"字段。在字段"年龄"所在的条件行下输入：<=38，在字段"职称"所在的条件行下输入"教授"Or"副教授"，如图 3-26 所示。

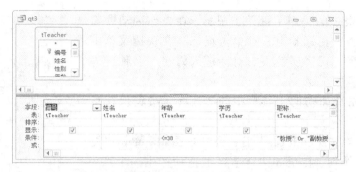

图 3-26 选择查询

步骤 2：单击快速访问工具栏中的"保存"按钮，输入"qT3"文件名，单击"确定"按钮，关闭"qT3"查询窗口。

（4）审题分析：本题考查查询中的计算方法的应用。对不同职称的教师进行分组，然后求出不同组的平均年龄，同时还要求考生掌握"是/否"型的符号表达：是：−1（yes）、否：0（no）。

操作步骤：

步骤 1：单击"创建"→"查询"→"查询设计"按钮，系统弹出查询设计器。在"显示表"对话框中添加"tTeacher"表，关闭"显示表"对话框，单击"汇总"按钮。双击"tTeacher"表"职称"字段，在其"总计"所在行选择"Group By"。双击"年龄"字段，在"年龄"字段左侧单击定位鼠标。输入标题"平均年龄:"，在其"总计"行选择"平均值"。双击"在职否"字段，在其"总计"行中选择"where"，在其条件行内输入−1，并去掉"显示"行中的勾选，如图 3-27 所示。

图 3-27 选择查询

步骤 2：单击快速访问工具栏中的"保存"按钮，输入"qT4"文件名，单击"确定"按钮，关闭"qT4"查询窗口。

步骤 3：关闭"samp2.accdb"数据库。

四、综合操作题（共 1 题，合计 18 分）

审题分析：本题主要考查报表一些常用控件的设计方法、控件在报表中的样式、控件在报表中显示的位置以及表的修改。利用函数对数据中显示的数据进行处理。

Dlookup()函数的使用格式：DLookup("字段名称","表或查询名称","条件字段名 = '"&forms!窗体名!控件名& "'")。

操作步骤：

（1）步骤 1：双击打开"samp3.accdb"数据库，单击"开始"→"报表"→"rEmployee"报表，选择"设计视图"快捷菜单命令，打开"rEmployee"的设计视图，单击"控件"→

"标签"控件。在报表的页眉节区单击鼠标，在光标闪动处输入职工基本信息表，在标签上右键单击鼠标，在快捷菜单中选择"属性"命令，在"属性表"对话框内修改"名称"为"bTitle"。

图 3-28   文本框属性设置

步骤 2：单击快速访问工具栏中的"保存"按钮保存报表的修改。

（2）步骤 1：在"rEmployee"报表设计视图中，单击"控件"→"文本框"按钮，在报表主体节区上拖动产生一个"文本框"和一个"标签"，删除"标签"。选中新增的文本框，在"属性表"对话框内修改"名称"为"tSex"，在"控件来源"所在行的下拉框中选择"性别"选项，把"上边距"修改为 0.1 cm，"左"修改为 5.2 cm，如图 3-28 所示。

步骤2：单击快速访问工具栏中的"保存"按钮保存报表的修改。

（3）步骤 1：在"rEmployee"报表设计视图中选择"tDept"文本框，在"属性表"对话框的"控件来源"所在行内输入运算式：=DLookUp（"名称","tGroup","部门编号=' " & [所属部门] & " ' "）。

步骤 2：单击快速访问工具栏中的"保存"按钮保存报表的修改，关闭"rEmployee"报表。
步骤 3：关闭"samp3.accdb"数据库。

模拟试卷 3 参考答案及解析

一、单项选择题

1. D。绑定对象框用于在窗体或报表上显示 OLE 对象，例如一系列的图片。而图像框用于窗体中显示静态图片；非绑定对象框则用于在窗体中显示非结合 OLE 对象，例如电子表格。在 Access 数据库中不存在图片框控件。

2. B。筛选是把满足条件的数据显示出来，并没有创建表或者删除数据的操作。

3. B。DateDiff（timeinterval，datel，date2[，firstdayofweek[，firstweekofyear]]）返回的是两个日期之间的差值，timeinterval 表示相隔时间的类型，ww 表示几周；而日期的 dl 和 d2 相差两周，故输出 2。

4. B。此题考查函数的调用情况，被调过程中执行 t=x，使 t 为 5；执行 x=t/y，使 x=5/4 为 1.25；执行 y=t mod Y，即 y=5 mod 4，结果为 1，所以答案选择 B。语句 MsgBox a & chr(10)+chr(13) & b 中的 chr(10)+chr(13)会造成回车换行。

5. A。此题考查宏以及 MsgBox 的内容，由题可知，当单击"是"按钮时会退出，在 Access 中数值 6 代表 YES，所以答案选择 A。

6. C。根据题干可以得出 t 表示的是项数，m 表示的是后面加上的数，sum 是最终的结果。程序中使用 t=t+m，当循环第二次时，t=2，m=2，sum=2，当循环第三次时，t 必须为 6，此时 t=2，所以必须让 m 进行自加，答案为 m=m+2。

7. A。Debug、Print 语句主要用于程序调试，其功能是在立即窗口中显示变量或表达式的值。

8．D。在 Access 中，如果将表中不需要的数据删除，则这些删除的记录将不能被恢复。

9．A。软件危机的表现有：①对软件开发的进度和费用估计不准确；②用户对已完成的软件系统不满意的现象时常发生；③软件产品的质量往往靠不住；④软件常常是不可维护的；⑤软件通常没有适当的文档；⑥软件成本在计算机系统总成本中所占的比例逐年上升；⑦软件开发生产率提高的速度，远远跟不上计算机应用迅速普及深入的趋势。

10．B。该题中客房可为单人间和双人间两种，所以，一条客房信息表记录可对应一条或两条客人信息表记录，所以为一对多联系。

11．B。在本题中，定义了一个全局变量 x，在命令按钮的单击事件中对这个 x 赋值为 10，然后依次调用 s1 和 s2；在 s1 中对 x 自加了 20；在 s2 中用 Dim 定义了一个局部变量 x，按照局部覆盖全局的原则，在 s2 中的操作都是基于局部变量 x 而不是全局变量 x。所以本题输出结果为 30。

12．A。Access 执行筛选的结果就是一些符合条件的记录，可以插入到新表，也可以生成报表，但都需要再进行下一步操作。

13．B。由题意可知，"职称"应该作为列标题，"系别""性别"和"总人数"应该作为行标题。所以 B 选项正确。

14．B。本题考查控制结构的基本用法。本题的 4 个选项中，A 为单分支选择结构；B 为循环结构；C 为双分支选择结构；D 为多分支选择结构。

15．A。掩码属性设为"LLLL"，则可接受的输入数据为 4 个字母(L 代表一个字母)。

16．A。窗体用来设计用户界面，报表和查询用于输出数据，表可以输入数据，但不可以设计界面。

17．C。实体完整性约束是一个关系具有某种唯一性标识，其中主关键字为唯一标识，而主关键字中的属性不能为空。候选关键字可以有一个或者多个，答案选择 C。

18．C。线性结构是指数据元素只有一个直接前驱和直接后继，线性表是线性结构，循环队列、带链队列和栈是指对插入和删除有特殊要求的线性表，是线性结构，而二叉树是非线性结构。

19．B。耦合是指模块间相互连接的紧密程度，内聚性是指在一个模块内部各个元素间彼此接合的紧密程序。高内聚、低耦合有利于模块的独立性。

20．B。两个实体间的联系可以分为 3 种：一对一、一对多、多对多。由于一个宿舍可以住多个学生，所以它们的联系是一对多联系。

21．D。双击连接线出现的是编辑关系对话框，可对关系进行新的编辑。

22．C。二分法查找只适用于顺序存储的有序表，对于长度为 n 的有序线性表，最坏情况只需比较 $\log_2 n$ 次。

23．A。获得字符串最左边字符的格式为：Left(字符串名，长度)。

24．C。掩码字符"&"的含义是必须输入一个任意的字符或一个空格。

25．B。HAVING 子句是限定分组时必须满足的条件，所以要跟 GROUP BY 子句。

26．D。循环次数比较少，可以采用逐次循环的方法来做。

27．D。Access 中的通配符有以下几种："#"与任何单个数字字符匹配；"*"与任何个数字的字符匹配，它可以在字符串中，当作第一个或者最后一个字符使用；"?"与任何单个字母的字符匹配；"["与方括号内任何单个字符匹配；"!"匹配任何不在括号之内的字符；"–"与范围内的任何一个字符匹配。必须以递增排序次序来指定区域(A 到 Z，而不是 Z 到 A)。

28．A。本题中第一个循环是将输入的数放进数组中，在第二个循环中进行逆序交换，a(1)是和 a(10)进行交换，所以当 i=i+1 时，j=j–1，当 i=5，j=5 时，停止循环，所以条件必须为 i<j。

29．C。筛选不会对表记录作出更改，只是显示结果不同。

30．B。在 Access 中，日期型常量要求用"#"括起来；表示区间的关键字用 Between…And…。

31．B。在文本型的字段中可以由用户指定长度，要注意在 Access 中一个汉字和一个英文字符长度都占 1 位。

32．D。循环队列是把队列的头和尾在逻辑上连接起来，构成一个环。循环队列中首尾相连，分不清头和尾，此时需要两个指示器分别指向头部和尾部。插入就在尾指示器的指示位置处插入，删除就在头部指示器的指示位置处删除。

33．D。Access 中引用控件使用"!"符号。

34．A。本题考查窗体打开发生的事件，打开窗体依次发生的事件为：打开、加载、调整大小、激活，所以答案选择 A。

35．D。本题需要关闭当前窗体，所以第一个空填 DoCmd.Close，第二个当单击时则删除记录，但是程序中没有说明是什么记录，所以要使用 me 来访问当前窗体的记录，所以答案为 Me.Recordset.Delete。

36．A。软件系统的总体结构图是软件架构设计的依据，它并不能支持软件的详细设计。

37．A。在 Access 关系数据库中，用表来实现关系，表的每一行称作一条记录，对应关系模型中的元组；每一列称作一个字段，对应关系模型中的属性。

38．D。根据窗体的名称定义事件过程，在操作中就可以知道。

39．D。标签是显示信息的，文本框中输入相应的文本，组合框中才能存储多个供选择的项，复选框是一次可以选择多个项的控件。

40．B。本题考查的是 if 语句的条件判断。因为输入的值是 12，不等于 0，所以输出为 2。

二、基本操作题

审题分析：（1）主要考查美化表中字体改变、调整行高与列宽。（2）主要考查字段说明的添加，字段说明的添加主要是让阅读数据库的人读懂了解字段的含义，对数据库的运行和功能没有影响。（3）主要考查表的数据类型的修改。（4）主要考查 OLE 对象的图片的修改与重设。（5）考查表字段的显示与掩藏。（6）考查表字段的添加与删除的方法。

表的格式的美化在表视图下通过"文本格式"分组实现。在表设计视图下完成对字段的修改、添加、删除等操作。

操作步骤：

（1）步骤 1：打开"samp1.accdb"数据库，在"文件"→"tStud"表，接着单击"开始"功能区，在"文本格式"分组的"字号"列表中选择"14"，单击快速访问工具栏中的"保存"按钮。

步骤 2：继续在"开始"功能区中，单击"记录"→"其他"按钮旁边的下拉箭头，在弹出的下拉列表中选择"行高"命令，在"行高"对话框中输入"18"，单击"确定"按钮，关闭"tStud"表。

（2）步骤1：右击"tStud"表，选择"设计视图"快捷菜单命令。在"简历"字段所在行的说明部分单击鼠标，定位光标后输入"自上大学起的简历信息"。

步骤 2：单击快速访问工具栏中的"保存"按钮保存设置。

（3）步骤 1：右击"tStud"表，选择"设计视图"快捷菜单命令。在"tStud"表设计视图下，单击"年龄"字段所在行的数据类型，在下方的"字段属性"中，修改"字段大小"的数据类型为"整型"。

步骤 2：单击快速访问工具栏中的"保存"按钮。关闭"tStud"表的设计视图。

（4）步骤 1：双击"tStud"表，右击学号为"20011001"行的"照片"记录，选择"插入对象"快捷菜单命令，弹出"对象"对话框。

步骤 2：选择"由文件创建"选项。单击"浏览"按钮查找图片"photo.bmp"存储位置，单击"确定"按钮，单击"确定"按钮。

（5）步骤 1：继续上一题操作，在"开始"功能区中，单击"记录"→"其他"图标按钮旁边的下拉箭头，在弹出的下拉列表中选择"取消隐藏字段"菜单命令，打开"取消隐藏字段"对话框。

步骤 2：选择"党员否"复选框，单击"关闭"按钮。

（6）步骤 1：接上一题操作，在表记录浏览视图中右击"备注"字段名，选择"删除字段"快捷菜单命令。

步骤 2：在弹出的对话框中单击"是"按钮。

步骤 3：单击快速访问工具栏中的"保存"按钮，关闭"samp1.accdb"数据库。

三、简单应用题

（1）审题分析：本题主要考查条件查询，在查询条件的表达中要用到求平均值的系统函数 Avg（ ）。

操作步骤：

步骤 1：打开"samp2.accdb"数据库，单击"创建"→"查询"→"查询设计"按钮，系统弹出查询设计器。在"显示表"对话框中双击"tStud"表，将表添加到查询设计器中，关闭"显示表"对话框。分别双击"tStud"表的字段"年龄""所属院系"。在"字段"行内出现"年龄""所属院系"，分别把光标定位在"年龄""所属院系"字段的左侧，添加标题"平均年龄:""院系:"，"表"所在行不需要考虑，自动添加"tStud"。

注意：在定义字段新标题的时候，新字段名和数据表字段之间的引号为英文半角状态下的双引号，不要在中文状态下输入双引号，包括后面涉及到的其他符号，例如大于、小于、中括号等非中文字符的符号，都应该在英文半角状态下输入，否则，系统可能会将其中一些符号识别为其他的，而导致程序出错。

步骤 2：单击"查询工具–设计"→"汇总"按钮，将出现"总计"行，在"年龄"的总计行内选择"平均值"，在"所属院系"的总计行内选择"group by"。

步骤 3：单击"文件"→"结果"→"运行"按钮，执行操作。单击快速访问工具栏中的"保存"按钮，保存查询文件名为"qT1"，单击"确定"按钮，关闭"qT1"查询窗口。

另外，本题也可以使用 SQL 语句完成，操作如下：

步骤 1：打开"samp2.accdb"数据库，单击"创建"→"查询"→"查询设计"按钮，系统弹出查询设计器，关闭"显示表"对话框。

步骤 2：在"文件"→"结果"→"视图"按钮下方的下拉箭头，选择"SQL 视图"命令，打开数据定义窗口，输入 SQL 语句，如图 3-29 所示。

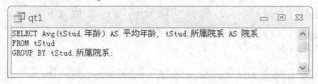

图 3-29　SQL 查询

步骤 3：单击"文件"→"结果"→"运行"按钮，执行操作。单击快速访问工具栏中的"保存"按钮，保存查询文件名为"qT1"，单击"确定"按钮，关闭"qT1"查询窗口。

（2）审题分析：本题考查多表查询，考生必须要对多表查询的条件了解，从而才能在多个表中实现数据的获取。

操作步骤：

步骤 1：单击"创建"→"查询"→"查询设计"按钮，在"显示表"对话框中分别双击"tStud""tCourse""tScore"表，将表添加到查询设计器中，关闭"显示表"对话框，需要注意的是，虽然要查询的字段只在"tStud""tCourse"表中，但是必须把 tScore 加入才能建立联系，才能实现多表查询。

步骤 2：分别在"tStud"表中双击"姓名"字段，在 tCourse 表中双击"课程名"字段。

步骤 3：单击"文件"→"结果"分组中的"运行"按钮，执行操作。单击快速访问工具栏中的"保存"按钮，保存查询文件名为"qT2"，单击"确定"按钮，关闭"qT2"查询窗口。

（3）审题分析：本题从查询的过程来讲和前面的基本相同，但是在查询条件设置中要求考生对空条件和非空条件的表达要很好的掌握。空值：is null、非空 is not null。

操作步骤：

步骤 1：单击"创建"→"查询"→"查询设计"按钮，系统弹出查询设计器。在"显示表"对话框中双击"tCourse"表，将表添加到查询设计器中，关闭"显示表"对话框。

步骤 2：在"tCourse"中双击"课程名""学分""先修课程"字段。设置"先修课程"非空条件的表达为：Is Not Null，取消"先修课程"列中"显示"框的勾选（该字段不要显示），如图 3-30 所示。

步骤 3：单击"文件"→"结果"→"运行"按钮，执行操作。单击快速访问工具栏中的"保存"按钮，保存查询文件名为"qT3"，单击"确定"按钮，关闭"qT3"查询窗口。

（4）审题分析：本题主要考查删除查询的应用，包括删除条件的设置中使用 SQL 中的select 语句。

操作步骤：

步骤 1：在"创建"→"查询"→"查询设计"按钮，系统弹出查询设计器。在"显示表"对话框中双击"tTemp"表，将表添加到查询设计器中，关闭"显示表"对话框。

步骤 2：单击"查询工具-设计"→"查询类型"→"删除"按钮，双击"tTemp"表中字段"年龄"，在其条件行中：>(select　Avg([年龄]) from tTemp)，如图 3-31 所示。

步骤3：单击"文件"→"结果"→"运行"按钮，执行操作。单击快速访问工具栏中的"保存"按钮，保存查询文件名为"qT4"，单击"确定"按钮，关闭"qT4"查询窗口。

图 3-30　选择查询

图 3-31　删除查询

四、综合操作题

审题分析：本题考查窗体控件的应用，其中包括控件的设计、样式的设置、名称和标题的修改以及功能的实现。考生主要要掌握工具的控件的使用方法以及功能。

操作步骤：

（1）步骤 1：打开"samp3.accdb"数据库窗口。在"窗体"功能区的"窗体"面板中单击"fStaff"窗体，选择"设计视图"快捷菜单命令。单击"窗体设计工具-设计"→"标签"控件。在窗体设计器的"窗体页眉"区域中单击鼠标，在光标闪动处输入"员工信息输出"。

步骤 2：在标签上右键单击，选择"属性"快捷菜单命令，打开"属性表"对话框。

注意：如果已打开"属性表"对话框，则不执行该操作，后面有关"属性表"对话框（包括报表设计视图中的"属性表"对话框）的操作与此相同。

步骤 3：选中标签控件，在"属性表"对话框的"名称"对应行中输入"bTitle"。

步骤 4：单击快速访问工具栏中的"保存"按钮保存设置。

（2）步骤 1：单击"窗体设计工具-设计"→"选项组"控件，在窗体设计器的"主体"中单击鼠标。出现选项组向导，单击"取消"按钮。

步骤 2：在"属性表"对话框中修改选项组"名称"为"opt"；接着选中选项组控件中的标签，在"属性表"对话框中修改"名称"为 bopt，修改"标题"为"性别"。

注意：单选按钮组中包含的标签可以看成是一个独立的标签控件，当设置该标签的属性时候，需要先选中标签，类似的控件有单选按钮、复选框按钮等，大家在进行相关属性设置的时候，需要注意控件的选择，否则不能正确设置控件的属性。

（3）步骤 1：单击"窗体设计工具-设计"功能区中的"选项按钮"控件。在选项按钮组的方框内单击鼠标，产生一个单选按钮，在"属性表"对话框中修改"名称"为：opt1，接着选中单选按钮的标签，在"属性表"对话框中修改名称为"bopt1"，修改"标题"为"男"。

步骤 2：参考步骤 1 的设计方法添加第 2 个单选按钮。单选按钮的名称为"opt2"，单选按钮的标签名为"bopt2"，标题为"女"。

（4）步骤 1：单击"窗体设计工具–设计"→"按钮"控件，在"窗体页脚"节区内单击鼠标。

步骤 2：在弹出的向导对话框中直接单击"取消"按钮。在"属性表"对话框中修改按钮的"名称"为"bOk"，标题修改为"确定"。以同样的方法设计第 2 个按钮，其"名称"为"bQuit"，"标题"为"退出"。

步骤 3：适当的调整窗体中各个控件的大小及位置，单击快速访问工具栏中的"保存"按钮。

（5）步骤 1：在"属性表"对话框的左上角下拉列表框中选择"窗体"选项，修改窗体标题为"员工信息输出"，关闭"属性表"对话框。

步骤 2：单击快速访问工具栏中的"保存"按钮，关闭"fstaff"窗体的设计窗口，关闭"samp3.accdb"数据库窗口。

模拟试卷 4 参考答案及解析

一、单项选择题（每小题 1 分，合计 40 分）

1．D。栈实际也是线性表，只不过是一种特殊的线性表。栈是只能在表的一端进行插入和删除运算的线性表，通常称插入、删除的这一端为栈顶，另一端为栈底。队列是只允许在一端删除，在另一端插入的顺序表，允许删除的一端称作队头，允许插入的一端称作队尾。

2．C。由于后序遍历的最后一个元素为 E，所以 E 为根结点，所以它的前序遍历的首个元素为 E，故排除（A）和（D）选项。由于中序遍历中，元素 B 在元素根结点 E 的后面，所以 B 为二叉树的右子树，并且该二叉树右子树只有一个元素，所以前序遍历的最后一个元素应为 B，故选项（C）为正确选项，即该二叉树的前序遍历序列是 EACDB。

3．B。数据流图中带箭头的线段表示数据流，沿箭头方向传递数据的通道，一般在旁边标注数据流名。

4．B。程序设计语言仅仅使用顺序、选择和重复（循环）三种基本控制结构就足以表达出各种其他形式结构的程序设计方法。遵循程序结构化的设计原则，按结构化程序设计方法设计出的程序易于理解、使用和维护；可以提高编程工作的效率，降低软件的开发成本。

5．C。软件调试主要采用以下三种方法：

强行排错法：作为传统的调试方法，其过程可概括为设置断点、程序暂停、观察程序状态、继续运行程序。

回溯法：该方法适合于小规模程序的排错、即一旦发现了错误，先分析错误征兆，确定最先发现"症状"的位置。

原因排除法：原因排除法是通过演绎和归纳，以及二分法来实现。

6．B。耦合可以分为下列几种，它们之间的耦合度由高到低排列：

内容耦合——若一个模块直接访问另一模块的内容，则这两个模块称为内容耦合。

公共耦合——若一组模块都访问同一全局数据结构，则称为公共耦合。

外部耦合——若一组模块都访问同一全局数据项，则称为外部耦合。

控制耦合——若一模块明显地把开关量、名字等信息送入另一模块，控制另一模块的功能，则称为控制耦合。

标记耦合——若两个以上的模块都需要其余某一数据结构的子结构时，不使用其余全局变量的方式而全使用记录传递的方式，这样的耦合称为标记耦合。

数据耦合——若一个模块访问另一个模块，被访问模块的输入和输出都是数据项参数，则这两个模块为数据耦合。

非直接耦合——若两个模块没有直接关系，它们之间的联系完全是通过程序的控制和调用来实现的，则称这两个模块为非直接耦合，这样的耦合独立性最强。

7．C。逻辑结构设计的任务：概念结构是各种数据模型的共同基础，为了能够用某一 DBMS 实现用户需求，还必须将概念结构进一步转化为相应的数据模型，这正是数据库逻辑结构设计所要完成的任务。它包括从 E-R 图向关系模式转换，逻辑模式规范化及调整。

8．D。根据二叉树的性质：二叉树第 i（$i \geq 1$）层上至多有 2^{i-1} 个结点。得到第 5 层的结点数最多是 16 个。

9．B。数据库设计的目的实质上是设计出满足实际应用需求的实际关系模型。数据库技术的主要目的是有效地管理和存取大量的数据资源，包括：提高数据的共享性，使多个用户能够同时访问数据库中的数据；减小数据的冗余，以提高数据的一致性和完整性；提供数据与应用程序的独立性，从而减少应用程序的开发和维护代价。

10．B。本题考查表与表之间的关系。在关系数据库中，表与表的关系有 3 种：一对一关系、一对多关系、多对多关系。

11．D。本题考查宏操作的知识。Access 中提供了 50 多个可选的宏操作命令，常用的打开操作有：OpenForm 用于打开窗体，OpenQuery 用于打开查询，OpenTable 用于打开一个表，OpenReport 则用于打开报表。

12．B。本题考查字段长度的知识。在文本型的字段中可以由用户指定长度，要注意在 Access 中一个汉字和一个英文字符长度都占 1 位。

13．D。本题考查 Access 数据类型的基础知识。在 Access 中支持很多种数据类型，其中的是/否型是针对只包含两种不同取值的字段而设置的，又常被称为布尔型。

14．A。本题考查参照完整性的知识。在关系数据库中有两种完整性约束：实体完整性和参照完整性。实体完整性就是主属性不能为空；参照完整性指的是两个逻辑上有关系的表必须使得表里面的数据满足它们的关系。例如主表中没有相关记录就不能将记录添加到相关表；相关表中的记录删除时主表的相关记录随之删除；相关表中的记录更新时主表的相关记录随之更新都是参照完整性的例子。

15．D。本题考查控件的基本属性和事件的知识。由于题目要求在文本框中输入一个字符就会触发事件，能触发的只有 Text1 的 Change 事件，在给某个控件的属性赋值的时候，不可省略控件名。

16．A。本题考查 SQL 中定义语句的知识。SQL 语言的功能包含数据定义、数据操纵、数据查询和数据控制，其中的数据定义功能可以实现表、索引、视图的定义、修改和删除。CREATE TABLE 语句的作用是创建一个表；CREATE INDEX 语句的作用是创建一个索引；ALTER TABLE 语句的作用是修改一个表的结构；DROP 语句的作用是删除一个表的结构或者从字段或字段组中删除索引。

17．B。本题考查 SQL 查询的知识。本题中，SQL 查询由于有 Group By 子句，是一个分组查询，在 Group By 后面的就是分组字段，也就是按性别分组计算并显示性别和入学成绩的平均值。

18．C。本题考查字符串连接和列表框的知识。列表框的 List 属性是一个数组，其各元素就是列表框中的列表项，第一个列表项对应的数组下标为 0。由于列表框中的列表项和输入对话框的返回值都是字符串，在本题中使用了 Val 函数将其转换为数字，此时如果使用"+"，则会完成两个数字相加，故此只能使用"&"连接两个字符串。

19．D。本题考查条件准则和常量的知识。在 Access 中，字符型常量要求用双引号括起来；表示集合的方法是用括号括起集合的所有元素，这些元素之间用逗号隔开；另外，表示在某个集合内的关键字用 in，表示不在某个集合内的关键字用 not in。

20．C。本题考查查询条件准则的知识。查询条件的准则用于输入一个准则来限定记录的选择。本题中要求查询课程名称为 Access 的记录，则应限定对应字段的值为 Access。要查询的值可以用双引号括起来，也可以不括，还可以使用 Like 加上通配符来使用，若 Like 后面没有通配符，则 Like 运算符相当于"="运算符，但是通配符不配合 Like 是无法单独使用的。

21．C。本题考查操作查询的知识。操作查询，也称作动作查询，共有 4 种类型：追加查询、删除查询、更新查询和生成表查询。利用这几种查询可以完成为源表追加数据，更新、删除源表中的数据，以及生成表操作。本题中要求将 A 表中的数据追加到 B 表中原有记录的后面，很明显是追加查询。

22．D。本题考查表达式和运算符的知识。Between…And 是一个表示在某区间内的运算符，等价于：>=下界 And <=上界；表示集合的方法是用括号括起集合的所有元素，这些元素之间用逗号隔开，表示在某个集合内的关键字用 in。

23．A。本题考查字段的输入掩码的知识。在设计字段的时候可以使用输入掩码来使得输入的格式标准保持一致，输入掩码中的字符"0"代表必须输入数字 0～9；"9"代表可以选择输入数字或空格。由于要实现短日期格式，应允许月份和日不必强制为两位数字，故此应为 0000/99/99。

24．C。本题考查表的基础知识。在表中的每个字段都可以设置一个默认值，当在数据表视图下向表中输入数据时，未输入的数据都是该字段的默认值。

25．D。本题考查窗体控件的知识。Access 中的窗体中有一些基本控件，其中的文本框主要用来输入或编辑数据，可以与文本型或数字型字段相绑定；标签常用来显示一些说明文字；复选框一般用于绑定是/否型的字段；组合框是既允许在列表中选择，又允许自行输入值的控件。

26．A。本题考查窗体控件的基础知识。在窗体上每一个控件都是一个对象，每一个对象的属性对话框都有 5 个选项卡，其中"格式"选项卡主要设计控件外观、大小、位置等显示格式；"数据"选项卡主要设计控件的数据源等数据问题；"事件"选项卡主要设计控件可以响应的动作；"其他"选项卡主要设计控件名字、默认、Tab 索引等其他属性；"全部"选项卡中包含前 4 种选项卡的所有内容。

27. C。本题考查宏调试的知识。在宏的调试过程中，通常使用"单步"工具来让宏单步执行以便观察执行效果。其余 3 个选项不能配合宏使用。

28. D。本题考查宏的自动运行的知识。在 Access 中以 AutoExec 名字命名的宏，会在数据库打开时自动运行。若想在数据库打开时不自动运行宏，需要在打开数据库时按住【Shift】键。

29. C。本题考查 VBA 中二维数组的知识。数组变量由变量名和数组下标构成，我们通常使用 Dim 语句来定义数组，其格式为：

Dim 数组名（[下标下限 to] 下标上限）

其中下标下限默认为 0。数组中的元素个数即为：下标上限-下标下限+1。对于多维数组来说，每一维也遵守这种计算原则，总的元素个数为各维元素数的乘积。故本题中的数组元素个数应该是(6-1+1)×(6-0+1)=6×7=42。

30. A。本题考查取子串的函数的知识。在 VBA 中有 3 种取子串的函数：Left 函数用于在字符串左端开始取 n 个字符；Right 函数用于在字符串右端开始取 n 个字符（注意子串中字符的顺序与母串中相同）；Mid 函数可以实现在任何位置取任何长度的子串。截取第 3 个字符开始的两个字符应该用 Mid(S,3,2)。

31. C。本题考查条件操作宏的知识。在宏的组成操作序列中，如果既包含带条件的操作，又包含无条件的操作，则带条件的操作是否执行取决于条件式结果的真假，没有指定条件的操作则会无条件执行。

32. A。本题考查 VBA 中运算符优先级的知识。在 VBA 中，运算符之间的优先级的关系是：算术运算符>连接运算符>比较运算符>逻辑运算符。而各种运算符内部的各种运算符也有其自己的优先级。另外要注意，在进行逻辑运算时 And 优先级高于 Or。在 VBA 中允许逻辑量进行算术运算，True 处理成-1，False 处理成 0；反过来数值参与逻辑运算时 0 处理成 False，非 0 处理成 True。

33. B。本题考查模块的知识。模块是 Access 中一个重要的对象，以 VBA 语言为基础编写，以函数过程或子过程为单元进行集合存储，基本模块可以分为标准模块和类模块，其中类模块又包括窗体模块和报表模块。在 Access 中，根据需要可以将设计好的宏对象转换为模块代码形式。

34. D。本题考查 VBA 程序设计中的循环知识。在本题的程序中，每次执行循环体 n，都会加 1，所以关键问题就是循环共执行多少次。我们已知外循环共执行 4 次，每次外循环中内循环都执行 5 次，则内循环共执行的次数为 20 次。

35. A。本题考查随机函数的知识。Rnd 是一个随机函数，此函数的返回值是一个（0，1）开区间内的数。此函数乘以 100 后得到（0，100）开区间内的随机数，取整后即是[0，99]的随机整数。

36. D。本题考查 VBA 中选择结构的知识。在本题中用了多个 If 分支结构，这些结构是顺序的而不是嵌套的，所以会顺序执行，判断是否满足条件。首先 75 不小于 60，所以不执行 x=1；然后再判断 75 不小于 70，所以不执行 x=2；再接着判断 75 小于 80，所以执行 x=3；最后判断 75 小于 90，所以执行 x=4。最后消息框里输出的 x 值为 4。

37．D。本题考查 VBA 中多重循环的知识。认真地分析清楚每一次循环即可。比如这个例子，我们看到，在每一次外循环开始的时候都把 x 的值置为 4，所以我们只分析最后一次循环就可以了；同理中层循环每一次开始前都把 x 置为 3，所以这个问题的最后就是 x 的初值为 3，执行最内层循环直到结束便可。根据程序内循环执行两次，最后 x=3+5+5=13。

38．B。本题考查数组和循环的知识。在 VBA 中定义的数组如果没有指明下限便默认下限为 0。本题实际上每次是把 s*10 然后加上数组的某一个元素作为一个新的数字，是从下标为 1 也就是第 2 个数组元素开始的。

39．B。本题考查变量作用域的知识。在整个程序中定义了一个全局变量 x，在命令按钮的单击事件中对这个 x 赋值为 10，然后依次调用 s1 和 s2；在 s1 中对 x 自加了 20；在 s2 中用 Dim 定义了一个局部变量 x，按照局部覆盖全局的原则，在 s2 中的操作都是基于局部变量 x 而不是全局变量 x。故此最终的输出结果为 30。

二、基本操作题

审题分析：①考查主键字段的分析以及主键的设计方法；②考查空字值和非空值的表达方法；③考查有效值和有效规则的设置方法；④考查有效值和有效规则的设置以及条件值的表达方法；⑤考查表记录的添加方法；⑥考查在 Access 数据库中导入外部数据的方法。

操作步骤：

（1）步骤 1：双击打开"samp1.accdb"数据库，右击"tVisitor"表，选择"设计视图"快捷菜单命令，打开表设计视图。在"tVisitor"表设计视图窗口下单击"游客 ID"所在行，右击，在快捷菜单中选择"主键"命令。

步骤 2：单击快速访问工具栏中的"保存"按钮。关闭"表设计视图"。

（2）步骤 1：右击"tVisitor"表，选择"设计视图"快捷菜单命令，打开表设计视图。单击"姓名"字段，在"字段属性"中的"必需"所在行选择"是"。

步骤 2：单击快速访问工具栏中的"保存"按钮。关闭"表设计视图"。

（3）步骤 1：右击"tVisitor"表，选择"设计视图"快捷菜单命令，打开表设计视图。单击"年龄"字段，在"字段属性"中的"有效性规则"所在行输入：>=10 and <=60。

步骤 2：单击快速访问工具栏中的"保存"按钮。关闭"表设计视图"。

（4）步骤 1：右击"tVisitor"表，选择"设计视图"快捷菜单命令，打开表设计视图。在表设计视图下，单击"年龄"字段，在"字段属性"中的"有效性文本"所在行输入"输入的年龄应在 10 岁到 60 岁之间，请重新输入。"。

步骤 2：单击快速访问工具栏中的"保存"按钮。关闭"表设计视图"。

（5）步骤 1：双击打开"tVisitor"表。光标在第二条记录的第一列单击开始输入记录，输入完毕后按【→】键右移。在输入"照片"时，在其"单元格"内右击，选择"插入对象"快捷菜单命令，打开对象对话框。在其对话框内选择"由文件创建"选项。

步骤 2：单击"浏览"按钮，查找"照片 1.bmp"的存储位置，双击"1.bmp"，将文件导入。

步骤 3：单击"确定"按钮，关闭表。

（6）步骤 1：在"samp1.accdb"数据库窗口下，单击"外部数据"→"导入并链接"→"Access"按钮。在"导入"对话框内选择"exam.accdb"数据存储位置，然后在弹出的

"导入对象"对话框中选择"tLine"表。

步骤 2：单击"确定"按钮。

步骤 3：关闭"samp1.accdb"数据库窗口。

三、简单应用题

（1）审题分析：本题主要考查一般表的查询。

操作步骤：

步骤 1：双击"samp2.accdb"数据库，单击"创建"→"查询"→"查询设计"按钮，系统弹出查询设计器。在"显示表"对话框中添加"tTeacher1"表。关闭"显示表"对话框。双击"编号""姓名""性别""年龄"和"职称"字段。

步骤 2：单击快速访问工具栏中的"保存"按钮，输入文件名"qT1"，单击"确定"按钮，关闭"qT1"设计视图。

（2）审题分析：本题主要考查一般表的查询，但是本题要求考生对"是/否"逻辑值的表示。是：-1、否：0。

操作步骤：

步骤 1：单击"创建"→"查询"分组中单击"查询设计"按钮，系统弹出查询设计器。在"显示表"对话框中添加"tTeacher1"表。关闭"显示表"对话框。双击"编号""姓名"和"联系电话""在职否"字段。在"在职否"的条件行内输入"0"，取消"显示"复选框的勾选。

步骤 2：单击工具栏上的"保存"按钮，输入文件名"qT2"。单击"确定"按钮，关闭"qT2"查询视图。

（3）审题分析：本题主要考查"追加表查询"。但是要求掌握多条件的表达应对其他考试。涉及两个条件：其一，小于 35 岁且是"副教授"和"党员"。其二，小于 45 岁且是"教授""党员"，这两个条件用或表达式。

操作步骤：

步骤 1：单击"创建"→"查询"→"查询设计"按钮，系统弹出查询设计器。在"显示表"对话框中添加"tTeacher1"表。关闭"显示表"对话框。

步骤 2：单击"查询类型"→"追加"按钮，在"追加"对话框表名称的行中选择"tTeacher2"，单击"确定"按钮。

步骤 3：双击"编号""姓名""性别""年龄""职称""政治面目"字段。在"年龄"条件行内输入：<=35，"或"所在行输入：<=45。在"职称"所在条件行内输入"副教授"，"或"所在行输入"教授"。在"政治面目"条件行内输入"党员"，"或"所在行输入"党员"。

步骤 4：单击"运行"按钮运行查询。单击工具栏上的"保存"按钮，输入文件名"qT3"。单击"确定"按钮，关闭"qT3"设计视图。

（4）审题分析：本题主要考查窗体的创建，在窗体中简单控件设置以及样式设置，利用系统函数或宏控制控件的功能与作用。

操作步骤：

步骤 1：在"创建"功能区的"窗体"分组中单击"窗体设计"按钮，系统弹出新窗体的设计视图。单击"控件"分组内单击"按钮"控件，在窗体的主体区内拖动，产生按钮。取消向导对话框。

步骤 2：在按钮上右击，在快捷菜单中选择"属性"命令，在"属性表"对话框修改"名称"为：btnR，添加"标题"为："测试"。在"属性表"对话框左上角的下拉列表中选择"窗体"，修改窗体的"标题"为"测试窗体"。

步骤 3：单击快速访问工具栏中的"保存"按钮，输入"fTest"，单击"确定"按钮，关闭窗体。

步骤 4：关闭"samp2.accdb"数据库。

四、综合操作题

审题分析：本题主要考查在窗体中如何设置控件，控件格式的设计方法，利用过程事件实现控件的功能。

操作步骤：

（1）步骤 1：双击打开"samp3.accdb"数据库，单击"开始"→"窗体"→"fStud"窗体，选择"设计视图"快捷菜单命令，打开 fStud 的设计视图。

步骤 2：单击"控件"→"标签"控件，在窗体的页眉内单击鼠标，在光标闪动处输入"学生基本情况浏览"；右击标签选择"属性"快捷菜单命令，在"属性表"对话框中修改"左"为 2.5cm，"上边距"为 0.3cm，"宽"为 6.5cm，"高"为 0.95cm，"名称"为"bTitle"，"前景色"为 16711680，（前景色的值会自动转换成#0000FF），"字体"为"黑体"，"字号大小"为 22。

步骤 2：单击快速访问工具栏中的"保存"按钮。

（2）步骤 1：在"属性表"对话框的左上角单击选择"窗体"，设置"边框样式"为"细边框"，"滚动条"为"两者均无"，"最大化和最小化按钮"为"无"。

步骤 2：在窗体面板中右击"fScore 子窗体"，选择"设计视图"快捷菜单命令，在"属性表"对话框的左上角单击选择"窗体"，修改"记录选择器"为"否"，"浏览按钮（导航按钮）"为"否"，"分隔线"为"否"。

（3）步骤 1：返回到"fStud"窗体设计视图界面，选中"年龄"文本框，在"属性表""对话框中修改"控件来源"为：=Year（Date（））-Year（[出生日期]）。

步骤 2：在"属性表"对话框左上角的下拉列表中选择"CmdQuit"，在其"单击"行内选择：[事件过程]，单击"代码生成器"按钮，在 VBA 编辑窗口的两行"****Add****"之间输入代码：DoCmd.Close，关闭代码窗口。

步骤 3：单击快速访问工具栏中的"保存"按钮，保存设置。

（4）步骤 1：在"fStud"窗体的设计视图下，单击"专业"文本框，把鼠标定位在框内并输入：=IIf（Mid（[学号],5,2）=10,"信息","经济"）。

步骤 2：单击快速访问工具栏中的"保存"按钮，保存设置。

（5）步骤 1：在子窗体中拖出滚动条，单击"平均成绩"标签旁的"未绑定"文本框控件，在文本框中输入：=Avg（[成绩]）。

步骤 2：在"fStud"窗体的设计视图下，单击"txtMAvg"文本框，把鼠标定位在文本框内输入：=[fScore 子窗体]!txtAvg。（引用 fScore 子窗体的平均值）。

步骤 3：单击快速访问工具栏中的"保存"按钮，保存设置。

步骤 4：关闭"samp3.accdb"数据库。